# 移动 UI 设计与制作案例教程
## (微课版)

王玉娟　张　莉　李炤坤　主　编

梁东安　桑　峻　副主编

清华大学出版社

北京

## 内 容 简 介

本书是一本讲解如何使用 Photoshop CC 软件进行移动 UI 设计的操作型案例教程，可以帮助 UI 设计爱好者，特别是手机 APP 设计人员，提高 UI 制作能力，拓展移动 UI 视觉设计的创作思路。

本书共分为 13 章，内容包括移动 UI 设计快速入门、移动 UI 设计的布局、移动 UI 视觉交互设计法则、移动 UI 中的基本元素、Photoshop CC 基础应用、UI 的色彩与风格设计、移动 UI 文字的编排设计、移动 UI 图像的处理、移动 UI 的图形设计、设计网页宣传图——滤镜在设计中的应用、项目指导——应用软件 APP 界面设计、项目指导——手机登录界面 UI 设计、项目指导——运动医疗 APP 界面设计。全书使用自带素材，通过对素材的不同处理，制作出精美的界面效果。制作界面过程已被录制为视频，可在手机与网络中进行分享，读者学后可以融会贯通、举一反三，从而更好地完成作品。

本书结构清晰，语言简洁，适合作为高等院校相关专业 UI 设计课程教材及各类 UI 设计培训教材，同时可以作为 Photoshop UI 设计的爱好者，特别是手机 APP 设计人员、平面广告设计人员、网站美工人员以及游戏界面设计人员等的自学参考书。

本书封面贴有清华大学出版社防伪标签，无标签者不得销售。

版权所有，侵权必究。举报：010-62782989，beiqinquan@tup.tsinghua.edu.cn。

**图书在版编目(CIP)数据**

移动 UI 设计与制作案例教程：微课版/王玉娟，张莉，李炤坤主编. —北京：清华大学出版社，2020.11
（2022.1重印）

ISBN 978-7-302-56458-4

Ⅰ. ①移… Ⅱ. ①王… ②张… ③李… Ⅲ. ①移动电话机—人机界面—程序设计—教材
Ⅳ. ①TN929.53

中国版本图书馆 CIP 数据核字(2020)第 178391 号

责任编辑：桑任松
装帧设计：杨玉兰
责任校对：吴春华
责任印制：杨 艳

出版发行：清华大学出版社
　　　　网　　址：http://www.tup.com.cn, http://www.wqbook.com
　　　　地　　址：北京清华大学学研大厦 A 座　　　邮　　编：100084
　　　　社 总 机：010-62770175　　　　　　　　邮　　购：010-62786544
　　　　投稿与读者服务：010-62776969, c-service@tup.tsinghua.edu.cn
　　　　质量反馈：010-62772015, zhiliang@tup.tsinghua.edu.cn
　　　　课件下载：http://www.tup.com.cn, 010-62791865
印 装 者：三河市金元印装有限公司
经　　销：全国新华书店
开　　本：185mm×260mm　　印　张：18.75　　字　数：453 千字
版　　次：2020 年 12 月第 1 版　　　　　印　次：2022 年 1 月第 4 次印刷
定　　价：54.00 元

产品编号：084960-01

# 前　　言

随着计算机行业和互联网的迅速发展以及应用领域的拓宽，用户界面设计逐渐成为互联网热门的专业和职业。用户界面是系统中不可缺少的部分，是人与电子计算机系统进行交互和信息交换的媒介，是用户使用电子计算机的综合环境。用户界面设计是指为用户提供人机交互的可视化界面，在用户界面的设计中，需要提取用户需求，针对需求进行分析，设计出合理美观并且操作简便的界面。用户界面设计是一门集人机工程学、认知心理学、人机交互原理学、设计艺术原理于一身的综合性学科。

## 1. 本书内容

全书共分 13 章，按照 UI 设计工作的实际需求组织内容，案例以实用、够用为原则。本书具体内容包括移动 UI 设计快速入门、移动 UI 设计的布局、移动 UI 视觉交互设计法则、移动 UI 中的基本元素、Photoshop CC 基础应用、UI 的色彩与风格设计、移动 UI 文字的编排设计、移动 UI 图像的处理、移动 UI 的图形设计、设计网页宣传图——滤镜在设计中的应用、项目指导——应用软件 APP 界面设计、项目指导——手机登录界面 UI 设计、项目指导——运动医疗 APP 界面设计等内容。

## 2. 本书特色

(1) 本书案例丰富，每章都有不同类型的案例，相关案例的制作均录制相关微视频操作讲解，适合上机操作教学。

(2) 每个案例都经过编写者精心挑选，可以引导读者发挥想象力，调动学习积极性。

(3) 案例实用，技术含量高，与实践紧密结合。

(4) 配套资源丰富，包括电子课件、习题答案、素材、微视频等，方便教学。

## 3. 本书约定

为便于阅读理解，本书的写作风格遵从以下约定。

◎　本书中出现的中文菜单和命令将用【】括起来，以示区分。此外，为了使语句更简洁易懂，本书中所有的菜单和命令之间以竖线(|)分隔，例如，单击【编辑】菜单，再选择【移动】命令，就用【编辑】|【移动】来表示。

◎　用加号(+)连接的两个或三个键表示快捷键，在操作时表示同时按下这两个或三个键。例如，Ctrl+V 是指在按下 Ctrl 键的同时，按下 V 键；Ctrl+Alt+F10 是指在按下 Ctrl 和 Alt 键的同时，按下功能键 F10。

◎　在没有特殊指定时，单击、双击和拖动是指用鼠标左键单击、双击和拖动，右击是指用鼠标右键单击。

本书由中山大学新华学院信息科学学院王玉娟、湖南应用技术学院信息工程学院张莉、寿光市职业教育中心学校李炤坤任主编，德州学院梁东安、海南政法职业学院桑峻任副主编。本书在编写过程中，参考了很多相关技术资料及经典案例，吸取了许多同仁的宝贵经验，同时本书的出版凝结了许多优秀教师的心血，在这里衷心感谢对本书出版过程给予帮助的编辑老师，感谢你们！

　　由于编者水平有限，书中疏漏与不妥之处在所难免，敬请广大读者批评指正！

编　者

# 目　　录

# 第 1 章

## 移动 UI 设计快速入门

本章要点

**基础知识**
- ◈ 初识移动 UI
- ◈ APP 的主要类别

**重点知识**
- ◈ 移动 UI 的设计特点
- ◈ 移动 UI 的设计基础

**提高知识**
- ◈ UI 的操作平台
- ◈ 手机与平板的界面

### 本章导读

　　什么是设计？什么是 UI？在 IT 界中经常会听到各种专业词汇，跨入这个行业才知道 "UI" 是英文 "User Interface" 的缩写，在学习 APP UI 设计之前，首先要了解什么是设计，以及 APP UI 设计的一些基本平台，界面特点、制作流程及注意事项等，为后面学习和进行 APP UI 设计打下良好的基础。

## 1.1　初识移动 UI 设计

UI 的完整英文是 User Interface，翻译成中文是用户界面。UI 设计师(User Interface Designer，UID)，是指从事软件的人机交互、操作逻辑、界面美观的整体设计工作的人。

UI 设计师的工作范围包括网页设计、移动应用界面设计，是目前中国信息产业中最为抢手的人才之一。

UI 从表面上看有用户与界面两个组成部分，但实际上还包括用户与界面之间的交互关系。好的 UI 设计不只是让软件的操作变得舒适、简单、易用，并且要能充分体现软件的定位和特点。

### 1.1.1　UI 设计师

UI 设计师不只是进行美术绘画，更需要对软件使用者、使用环境、使用方式进行定位，并最终为软件用户服务。UI 设计师进行的是集科学性与艺术性于一身的设计，他们需要完成的工作，简单来说，正是一个不断为用户设计视觉效果使之满意的过程。

设计从工作内容上来说分为三大类别，即研究工具、研究人与界面的关系、研究人。与之相应，UI 设计师的职能大体包括三方面：一是图形设计，即传统意义上的"美工"。当然，实际上他们承担的不是单纯意义上美术工人的工作，而是软件产品的"外形设计"。二是交互设计，主要在于设计软件的操作流程、树状结构、操作规范等。一个软件产品在编码之前需要做的就是交互设计，确立交互模型和交互规范。三是用户测试/研究，这里所谓的"测试"，其目标恰在于测试交互设计的合理性及图形设计的美观性，主要通过目标用户问卷的形式衡量 UI 的合理性。如果没有这方面的测试研究，UI 设计的好坏只能凭借设计师的经验或者领导的审美来评判，这样就会给企业带来极大的风险。

UI 设计师在移动应用产品设计、游戏软件、多媒体制作、广告设计、工业设计及医疗、军事、科技、交通、通信、商业流通等领域都有广阔的发展空间。

由于 UI 设计在国内的发展尚处于起步阶段，因此，UI 设计师整体上缺乏一个良好的学习与交流的资源环境，这一领域真正高水平的、能充分满足市场需要的 UI 设计师为数甚少；而 IT 行业日新月异的发展和人们日益提升的生活标准，也对从业人员提出了越来越高的要求，因此，UI 设计师应该不断地学习实践，在诸多不同领域，尤其是在人才资源普遍缺乏的社会学、心理学等人文学科领域拓展视野，丰富自我，努力向高级、资深设计师乃至设计总监的方向发展。除此之外，具有较强协调、组织、管理能力和领导资质者，则可考虑晋升为 IT 项目经理。

### 1.1.2　UI 设计的分类

UI 设计按用户和界面来分可分为四种，分别是移动端 UI 设计、PC 端 UI 设计、游戏 UI 设计及其他 UI 设计。

#### 1. 移动端 UI 设计

移动端 UI 设计也就是手机用户，界面指的就是手机界面，也就是说手机上的所有界面都是移动端 UI 设计，比如微信聊天界面、QQ 聊天界面、手机桌面，手机上看到的所有的图标界面点击以后有反应的都可以理解成移动端 UI 设计，如图 1-1 所示。

图 1-1　移动端 UI 设计

### 2. PC 端 UI 设计

对于 PC 端 UI 设计，用户指的是电脑用户，界面指的就是电脑上的操作界面。例如，电脑版的 QQ、微信、电脑软件和网页的一些按钮图标等，都属于 PC 端 UI 设计。

### 3. 游戏 UI 设计

对于游戏 UI 设计，用户也就是游戏 UI 用户，界面指的是游戏中的界面，但游戏中的场景人物不是 UI。例如，手游王者荣耀、端游英雄联盟和一些其他游戏中的登录界面、个人装备属性界面都属于游戏 UI 设计。

### 4. 其他 UI 设计

其他 UI 设计有 VR 界面、AR 界面、ATM 界面等一些智能设备的界面，比如智能电视、车载系统等。

在设计领域，UI 可以分成硬件界面和软件界面两个大类。本书主要讲解软件界面，即介于用户与平板电脑、手机之间的移动 UI。如图 1-2 所示为热门购物类应用"淘宝"APP 的启动 UI 和主菜单 UI 。

如图 1-3 所示为平板电脑中的日历 APP UI 的展示效果。

图 1-2　"淘宝" APP 的启动 UI 和主菜单 UI

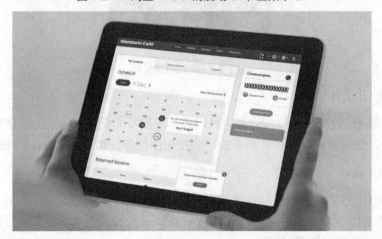

图 1-3　日历 APP UI 的展示效果

## 1.1.3　APP 的主要类别

近几年，移动互联网如潮水般地席卷世界，不得不说，这是一场革命，它在改变人们生活方式的同时，也让更多的人感受到了这场革命带来的巨大商业潜力。在当前机遇与挑战并存的环境中，APP 的开发与设计正适应了趋势与潮流。

在我国互联网的发展过程中，无论是人才还是资源都出现了从 PC 端到移动端流动的趋势。目前在中国，一部手机、一些 APP 就能实现你的梦想。这些 APP 有订餐、购物、打车、社交、聊天、游戏、娱乐、学习、系统、安全、通信、地图、资讯、影音、阅读、美化、生活、教育、理财和网络等分类，如图 1-4 所示。

图 1-4　各种 APP 分类

## 1.1.4　移动 UI 的设计特点

手机 UI 设计是指手机软件的人机交互、操作逻辑、界面美观的整体设计。手机操作系统中人机交互的窗口界面必须基于手机的物理特性和软件的应用特性进行合理的设计。手机 UI 设计一直被业界称为产品的"脸面"，好的 UI 设计不仅是让软件变得有个性、有品位，还要让软件的操作变得舒适、简单、自由，充分体现软件的定位和特点。

### 1. 小巧轻便

APP 可以内嵌到各种智能手机中，用户可以通过智能手机随时随地打开这些 APP 满足某些需求。另外，移动互联网的优势使用户可以通过各种 APP 快速沟通并获得资讯。例如，如图 1-5 所示为京东、美团 APP 的界面，用户通过手机即可获得吃喝、玩乐、住宿等各种生活资讯。

图 1-5　京东、美团 APP UI 界面

### 2. 通信便捷

移动 APP 使人们的相互沟通变得更加方便，可以跨通信运营商、操作系统平台通过无线网络快速发送免费语音、视频、图片和文字。如图 1-6 所示为"微信"APP 的 UI，用户可以通过"摇一摇""搜索微信号""搜索手机号""附近的人"和扫描二维码等方式添加好友和关注公众平台，同时也可以将内容分享给好友或分享到朋友圈。

图 1-6　"微信"APP"添加朋友"和"摇一摇"UI 界面

## 1.1.5　统一的尺寸和色彩

给出 UI 设计规范的目的主要是让设计团队朝着一个方向、风格和目标来设计界面效果，从而便于团队之间的相互合作并提高作品的质量效果。

在对移动 UI 进行设计时，要先确定其规范性，使得整个 APP 在尺寸、色彩上统一，这样可以提高用户对移动产品的认知和操作便捷性。如图 1-7 所示为 iPhone 手机界面的尺寸。

移动 UI 是软件与用户接触最直接的层面，设计良好且一目了然的界面能够起到"向导"的作用，帮助用户快速适应并学会软件的操作。

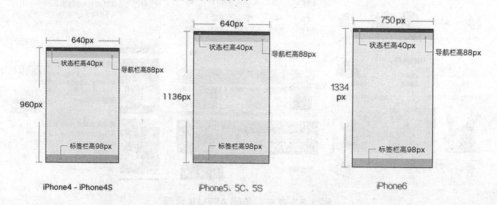

图 1-7　iPhone 手机的 UI 界面尺寸

## 1.1.6　个性化的界面特色

移动设备在视觉效果上通常具有和谐统一的特性，但是考虑到不同软件本身的特征和用途，因此在设计移动 UI 时需要考虑设计的个性化。如图 1-8 所示为"百度"APP 个性化界面特色。移动 UI 效果个性化主要包括三个方面。

图 1-8　"百度"APP 个性化界面特色

### 1. 个性化的界面框架

软件的实用性是软件应用的根本，在设计移动 UI 时应该结合软件的主要功能来合理排版，使其既美观又实用。

### 2. 一目了然的图标按钮

在移动 UI 中，图标按钮是一种常用的控制元素，它通过一系列图形内容映射目标动作，因此在设计时应注重表意性，使用户易于识别，方便操作。

### 3. 个性化的界面色彩设置

个性化的色彩可以使用户对该界面保持一定的新鲜感，甚至可以让用户自主设置喜欢的界面色彩，增加用户与软件间的协调性。

## 1.1.7　熟悉手机界面特色

随着互联网的发展，智能手机 APP 能满足人们越来越多的需求，功能越来越强大，同时 APP UI 的设计也越来越多样化，手机界面不同于网页和窗体应用的界面，手机 UI 设计师需要将众多的信息放在小尺寸屏幕里面，这无疑是一个巨大的挑战。

要设计出优秀的 APP 界面，就要熟悉智能手机的界面构造。手机的主要界面被分为几个标准的信息区域(针对按键手机，触屏手机相对灵活)：状态栏、标题区、功能操作区和导航栏等。图 1-9 所示为"百度"APP 的界面构成。

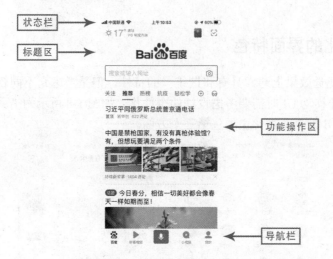

图 1-9 "百度" APP UI 界面

### 1. 状态栏

状态栏是用于显示手机目前的运行状态及事件的区域，主要包括应用通知、手机状态、网络信号强度、运营商名称、电池电量、未处理时间和数量以及时间等要素。在 APP UI 设计过程中，状态栏并不是必须存在的因素，可以根据自身交互需求进行取舍。

### 2. 标题区

标题区用于放置 APP 的 LOGO、名称、版本以及相关图文信息。

### 3. 功能操作区

它是 APP 应用的核心部分，也是占用手机版面最大的区域，通常包含列表(list)、焦点(highlight)、滚动条(scrollbar)和图标(icon)等多种不同元素。在"支付宝" APP 内部，不同层级的界面包含的元素可以相同也可以不同，可以根据实际情况合理地搭配运用。

### 4. 导航栏

该部分也称为公共导航区或软键盘区域，它是对 APP 的主要操作进行宏观操控的区域，可以出现在 APP 的任何界面中，方便用户进行切换操作。

## 1.2 UI 的操作平台

在移动互联网时代，Android、iOS、Windows 等智能设备操作系统已成为用户应用 APP 的基本入口，如图 1-10 所示。

图 1-10 应用 APP 的基本入口

因此,用户除了要了解 APP UI 设计的基本概念外,还必须认识 Android、iOS、Windows 移动设备的三大主流系统,以熟悉移动设备的主流平台和设计的基本原则。

## 1.2.1　谷歌 Android 系统

Android 是由 Google 基于 Linux 开发的一款移动操作系统。在移动设备的操作系统领域,iOS 和 Android 系统的竞争十分激烈,都希望占有更大的市场份额。目前,由于市面上存在众多的 Android 系统 OEM 厂商,因此谷歌(Google)的 Android 操作系统处在移动系统的领先位置。如图 1-11 所示为 Android 操作系统占据的移动设备市场份额。

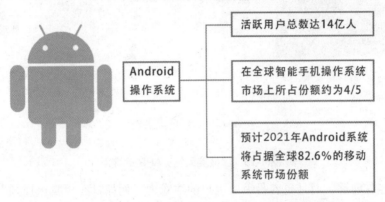

图 1-11　Android 操作系统占据的移动设备市场份额

Android 操作系统 APP 设计的基本原则是拥有漂亮的界面,设计者可以设计精美的动画效果或者动听的音效,以带给用户更加愉悦的使用体验。Android 系统界面如图 1-12 所示。

图 1-12　Android 系统界面

另外，Android 用户可以通过直接触屏操作 APP 中的对象，这样有助于降低用户完成任务时的认知难度，进一步提高用户对 APP 的满意度。例如，在"最美天气"APP 界面中，用户可以通过滑动屏幕的方式查看更多的天气资讯，如图 1-13 所示。

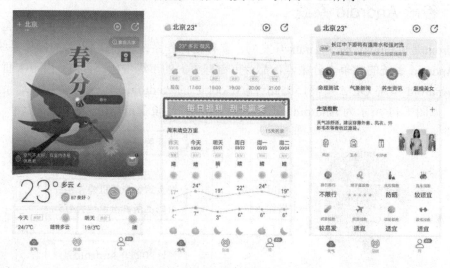

图 1-13　"最美天气"APP 的界面

文字更容易理解，而且更容易吸引用户的注意力。例如，在"腾讯视频"APP 的界面中就采用了大量直观的图标菜单和图片展示列表，如图 1-14 所示。

图 1-14　"腾讯视频"APP 的界面

## 1.2.2　苹果 iOS 系统

iOS 是由苹果公司开发的一种采用类 UNIX 内核的移动操作系统，最初是为 iPhone 设计的，后来陆续套用到 iPod Touch、iPad 以及 Apple TV 等产品上。

## 1. iPod Touch

iPod Touch 是一款由苹果公司推出的便携式移动产品，与 iPhone 相比更加轻薄，彻底改变了人们的娱乐方式，如图 1-15 所示。

## 2. iPad

iPad 是苹果公司发布的平板电脑系列，提供浏览网站、收发电子邮件、观看电子书、播放音频或视频、玩游戏等功能，如图 1-16 所示。

图 1-15　iPod Touch

图 1-16　iPad

## 3. Apple TV

Apple TV 是由苹果公司所设计、营销和销售的数字多媒体播放机，如图 1-17 所示。

图 1-17　Apple TV

史蒂夫·乔布斯在首次展示 iPhone 手机时说："我们今天将创造历史。1984 年 Macintosh 改变了计算机，2001 年 iPod 改变了音乐产业，2007 年 iPhone 要改变通信产业。"

对于 UI 设计者而言，iOS 操作系统带来了更多的开发平台。下面简单分析 iOS 操作系统 APP 应用的 UI 设计基本原则。

1)　便捷的操作

iOS 操作系统中的 APP 应用通常具有程式化的梯度，操作非常便捷，如图 1-18 所示。

2) 清晰明朗的结构

便捷的导航控制：在设计 APP 界面时，应该尽量将所有的导航操作都安排在一个分层格式中，使用户可以随时看到当前的位置，如图 1-19 所示。

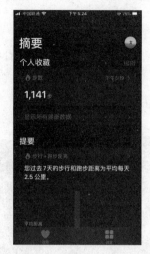

图 1-18 Apple APP 便捷的操作　　　　图 1-19 Apple APP 清晰明朗的结构

**提示**

设计者还应该在 APP 界面中提供当前界面标记和后退按钮。

当前界面标记：用户可以及时了解自己所处的位置，清楚每一个界面的主要功能和特点。

后退按钮：可以快速退出当前界面，返回 APP 主界面。

另外，苹果公司还推出了车载 iOS 系统。用户可以将 iOS 设备与车辆无缝结合，使用汽车的内置显示屏和控制键，或 Siri 免视功能，与苹果移动设备实现互动，如图 1-20 所示。

图 1-20 车载 iOS 系统界面

## 1.2.3 微软 Windows Phone 系统

Windows Phone(英文缩写为 WP)是微软于 2010 年 10 月 21 日正式发布的一款手机操作系统，如图 1-21 所示。

图 1-21　Windows Phone

　　Windows Phone 操作系统采用 Metro 风格的用户界面，整合了 Xbox Live 游戏、Xbox Music 音乐与独特的视频体验。Windows Phone 系统界面如图 1-22 所示。

　　2015 年 5 月 14 日，微软正式宣布以 Windows 10 Mobile 作为新一代手机版操作系统的正式名称，如图 1-23 所示。

图 1-22　Windows Phone 系统界面　　　　图 1-23　Windows 10 Mobile 手机版操作界面

　　Windows 10 Mobile 操作系统的 Metro UI 是一种界面展示技术，和苹果的 iOS、谷歌的 Android 界面最大的区别在于：后两种都是以应用为主要呈现对象，而 Metro 界面强调的是信息本身，而不是冗余的界面元素。

　　另外，Metro 界面的主要特点是完全平面化、设计简约，没有像 iOS 一样采用渐变、浮雕等质感效果，这样可以营造出一种身临其境的视觉效果。Windows 10 Mobile 操作系统的界面非常整洁干净，其独特的内容替换布局的设计理念更是让用户回到了内容本身，其设计原则是"光滑、快、现代"。

　　Windows 操作系统不断挺进移动终端市场，试图打破人们与信息和 APP 之间的隔阂，提供优秀的"端到端"体验，适用于人们的工作、生活和娱乐的方方面面。

---

**提示**

Metro 风格的用户界面设计优雅、美观,可以让用户获取快捷、流畅的触控体验和大量可供使用的新应用程序。同时,Metro 风格的用户界面又可以使用鼠标、触控板和键盘工作。

---

## 1.3 手机与平板的界面

移动操作系统是指在移动设备上运作的操作系统,是硬件与用户进行人机交互的窗口。必须基于手机的物理特性和软件的应用特性合理地进行界面设计,因此,设计者首先应对移动设备的常用界面有所了解。

### 1.3.1 手机界面

目前国内流行的接入网络设备除了平板电脑外,还有一种应用更广泛的设备——智能手机。在智能手机中,通过"无线网络 +APP 应用",可以实现很多意想不到的功能,这些都为智能手机的流行和 APP UI 设计的发展奠定了一定的基础。常用的手机界面主要分为以下三类。

#### 1. Android 手机界面

采用 Android 操作系统的手机种类繁多,其屏幕尺寸和分辨率有着很大的差异。如表 1-1 所示为 Android 智能手机常用的屏幕尺寸和分辨率。

表 1-1　Android 智能手机常用的屏幕尺寸和分辨率

| 屏幕尺寸/英寸 | 分辨率/像素 |
| --- | --- |
| 2.8 | 640×480(VGA) |
| 3.2 | 480×320(HVGA) |
| 3.3 | 854×480(WVGA) |
| 3.5 | 480×320(HVGA) |
| | 800×480(WVGA) |
| | 854×480(WVGA) |
| | 960×640(DVGA) |
| 4.0 | 800×480(WVGA) |
| | 854×480(WVGA) |
| | 960×540(qHD) |
| | 1136×640(HD) |
| 4.2 | 960×540(qIID) |
| 4.3 | 800×480(WVGA) |
| | 960×640(qHD) |
| | 960×540(qHD) |
| | 1280×720(HD) |

续表

| 屏幕尺寸/英寸 | 分辨率/像素 |
| --- | --- |
| 4.5 | 960×540(qHD) |
| | 1280×720(HD) |
| | 1920×1080(FHD) |
| 4.7 | 1280×720(HD) |
| 4.8 | 1280×720(HD) |
| 5.0 | 480×800(WVGA) |
| | 1024×768(XGA) |
| | 1280×720(HD) |
| | 1920×1080(FHD) |
| 5.3 | 1280×800(WXGA) |
| | 960×540(qHD) |
| 6.0 | 1280×720(HD) |
| | 2560×1600 |
| 7.0 | 1280×800(WXGA) |
| 9.7 | 1024×768(XGA) |
| | 2048×1536 |
| 10.0 | 1200×600 |
| | 2560×1600 |

例如,华为手机是目前国内 Android 系统的手机代表品牌。华为公司旗下的华为 Mate 30 Pro 的主屏尺寸为 6.53 英寸,主屏分辨率为 FHD+2400 像素×1176 像素,搭载麒麟 990 旗舰芯片,OLED 环幕屏,提供 8GB 内存和 256GB 存储空间,4500mAh 电池以及双 4000 万像素超感光摄像头。华为 Mate 30 Pro 在 UI 设计上也有不少创新,例如,系统 EMUI10 采用了莫兰迪色系的配色以及杂志化的排版,整体色彩更加纯净平和,板块设计也让 UI 看起来更加连续且没有间断,让 EMUI10 的系统看起来更有呼吸感。华为创新地将侧边屏幕利用起来,通过在屏幕侧边的操作,可以实现音量控制,只要双击侧边再上下滑动就可以控制音量的大小,甚至在侧边屏幕的任何部位可以随意设置拍照快门键,非常实用、有趣,如图 1-24 所示。

### 2. 苹果手机界面

以 iPhone 6S Plus 为例,其外观颜色有金色、银色、深空灰、玫瑰金等,屏幕采用高强度的 Ion-X 玻璃,支持 4K 视频摄录。iPhone 6S Plus 的主屏分辨率为 1920 像素 × 1080 像素,屏幕像素密度为 401ppi。iPhone 6S Plus 在屏幕设计上的最大升级是加入了 Force Touch 压力感应触控(即 3D Touch 技术),使触屏手机的操作功能进一步扩展,如图 1-25 所示。

### 3. 微软手机界面

采用微软系统的手机除了具有特立独行的 Metro 用户界面,并搭配动态磁贴(Live Tiles)

信息展示及告知系统等特色外，还有一大特色就是无缝连接各类应用的丰富"中心"(Hub)，如图 1-26 所示。

图 1-24　华为 Mate 30 Pro

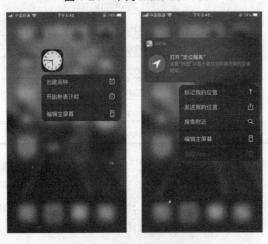

图 1-25　3D Touch 技术展示

图 1-26　微软系统手机的"中心"(Hub)特色

## 1.3.2　平板电脑界面

　　平板电脑(Tablet Personal Computer)，简称为"Tablet PC""Flat PC""Tablet""Slates"，又被称为"便携式电脑"，是一种体积较小、方便携带的微型电脑，以触摸屏作为基本的输入设备，如图 1-27 所示。

　　如今，iPad 在平板电脑市场中占据了主导地位，另外一部分市场就是 Android 平板电脑的"天下"了。华为、联想、小米、三星、戴尔、HTC 等厂家均推出了 Android 平板电脑。如图 1-28 所示为华为 M2 10.0 平板电脑。

图 1-27　平板电脑

图 1-28　华为 M2 10.0 平板电脑

## 1.3.3　流程分析

　　APP UI 设计的基本工作流程包括分析阶段、设计阶段、调研阶段、验证与改进阶段，如图 1-29 所示。

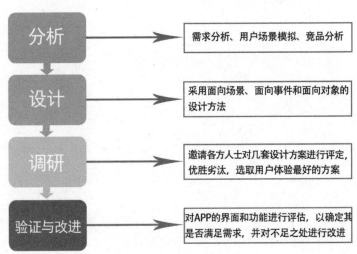

图 1-29　UI 设计流程

## 习　题

1. 简述移动 UI 的设计特点。
2. 个性化的界面特色指的是什么?

第 **2** 章

## 移动 UI 设计的布局

本 章 要 点

**基础知识**
- ◇ 移动 UI 的纵横布局
- ◇ 移动 UI 的特殊布局

**重点知识**
- ◇ 界面细节的设计方法
- ◇ 图文信息布局的设计方法

**提高知识**
- ◇ 移动 UI 的布局规则

本 章 导 读

　　在设计移动 UI 时，布局主要是指对界面中的文字、图形或按钮等进行排版，使各类信息更加有条理、有次序，以帮助用户快速找到自己想要的信息，提升产品的交互效率和信息的传递效率。

## 2.1 移动 UI 的纵横布局

软件界面的设计师除了要重视视觉效果以外，对于设计是否可以实现、大概以何种方式实现、规范可否被理解并且复制执行、设计实现的性价比与时间比等维度都应有相当高度的认识。

本节讲解关于界面布局的基础知识，这是比较适合初级 UI 设计师的设计方法。

### 2.1.1 竖向排列布局

由于手机屏幕大小有限，因此大部分手机屏幕采用竖屏列表显示，这样可以在有限的屏幕上显示更多的内容。

文字在竖向排列表中不居中，常用来展示功能目录、产品类别等并列元素，列表长度可以向下无限延伸，用户通过上下滑动屏幕可以查看更多内容。竖向排列布局如图 2-1 所示。

图 2-1 竖向排列布局

### 2.1.2 横向排列布局

由于智能手机屏幕大小有限，无法完全像计算机一样显示各种软件工具栏，因此很多移动应用在工具栏区域采用横向排列的布局方式。

横向排列布局主要是横向展示各种并列元素，用户可以左右滑动手机屏幕或单击左右箭头按钮来查看更多内容。例如，大部分的手机桌面以及相册 APP 等就采用横向排列布局。

在元素数量较少的移动 UI 中，特别适合采用横向排列布局方式，但这种方式需要用户主动探索，体验性一般，如果要展示更多的内容，最好采用竖排列表。横向排列布局如图 2-2 所示。

图 2-2　横向排列布局

### 2.1.3　九宫格布局

九宫格最基本的表现其实类似一个 3 行 3 列的表格。目前，很多界面采用九宫格的变体布局方式，如 Metro UI 风格(Windows 8、Windows 10 的主要界面显示风格)。九宫格布局如图 2-3 所示。

图 2-3　九宫格布局

## 2.2　移动 UI 的特殊布局

界面布局对 UI 设计有很大影响，本节讲解特殊 UI 布局的方法。

### 2.2.1　弹出框式布局

在移动 UI 中，对话框通常是作为一种次要窗口，可以出现在界面的顶部、中间或底部等位置，其中包含各种按钮和选项，通过它们可以完成特定命令或任务，是一种常用的布局设计方式。

弹出框可以隐藏很多内容，在用户需要的时候可以单击相应按钮将其显示出来，主要作用是节省手机的屏幕空间。在安卓系统的移动设备中，很多菜单、单选框、多选框和对话框等都采用弹出框的布局方式,如图 2-4 所示。

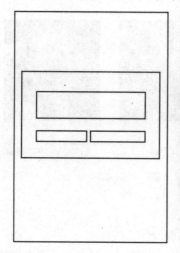

图 2-4 弹出框式布局

## 2.2.2 热门标签式布局

在移动 UI 设计中,搜索界面和分类界面通常会采用热门标签的方式来布局,让页面布局更语义化,使各种移动设备能够更加完美地展示软件界面。如图 2-5 所示为热门标签式布局。

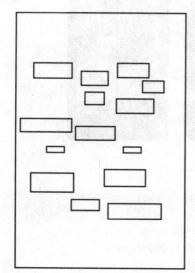

图 2-5 热门标签式布局

## 2.2.3 陈列馆式布局

陈列馆式布局又称为图式布局,主要是采用"图片+文字"的形式来排列 APP 中的各种元素。陈列馆式布局可以很好地展现实时内容,例如很多新闻、照片以及餐厅 APP 等界面都采用这种布局方式。

陈列馆式布局也可以称为"网格布局模式"，大量的手机浏览器都采用网格布局，虽然视觉效果比较普通，但其结构清晰、功能分布十分明朗，而且设计者也可以通过巧妙地处理网格来吸引用户注意。例如，安卓手机中的"相册"APP 就是采用网格布局模式来排列照片，如图 2-6 所示。

图 2-6　陈列馆式布局

## 2.2.4　分段菜单式布局

分段菜单式布局主要是采用"文字+下拉箭头 Segment Control(段控制)"的方式来排列界面中的各种元素，设计者可以在某个按钮中隐藏更多的功能，可以让界面简约而不简单。

例如，在"美团""Keep""西瓜视频"APP 的界面中，单击分段菜单按钮后，可以在展开的菜单中找到更多功能，如图 2-7 所示。

图 2-7　分段菜单式布局

## 2.2.5　点聚式布局

点聚式布局又称为扇形扩展式布局，这种布局的展示方式比较灵活，而且可以带来更加开阔的界面效果。

在设计一些复杂的 APP 层级框架时，可以采用点聚式布局导航，将一些用户使用频率比较高的核心内容采用并列的方式放置在一个"点"中，如图 2-8 所示。

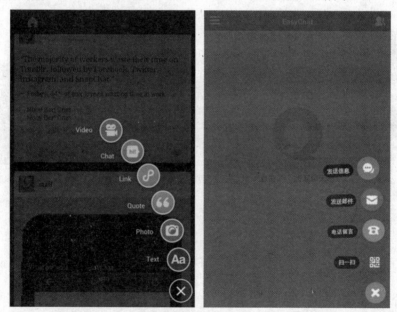

图 2-8　点聚式布局

**提示**

点聚式布局的缺点也比较明显，首先就是一些常用功能可能会被隐藏，使用户难以发觉。其次，这种布局模式对入口交互的功能可见性要求高，增加了设计的难度。

## 2.2.6 走马灯式布局

走马灯式布局又称为页面转盘式布局，主要是将图片环绕在手机界面，这种布局操作起来比较方便，而且方便用户进行单手操作，很多手机抽奖游戏常常运用这种布局模式，如图 2-9 所示。

图 2-9 走马灯式布局

## 2.2.7 磁贴设计式布局

磁贴设计式布局与 Windows 8 的 Metro 界面风格相似，是一种风格比较新颖的设计方式。界面中的各种元素以 Tile(磁贴)的形式展现，而且这些小方块可以动态显示信息，还可以按照用户的意愿进行分组、删除等操作，如图 2-10 所示。

图 2-10 磁贴设计式布局

## 2.2.8 超级菜单式布局

超级菜单式布局的导航比较炫酷，如"微博""网易云音乐"APP 等都是采用这种布局模式。在这些 APP 的内容页面中，用户只需要左右滑动屏幕，即可切换查看不同的类别，操作的连续性非常强，用户体验也很流畅，如图 2-11 所示。

图 2-11　超级菜单式布局

提示

　　超级菜单式布局的缺点也比较明显，就是用户每次操作只能切换到相邻页面。当然设计者可以开放自由设置标签的功能，将用户喜欢的内容标签放置在首页中，这样可以降低超级菜单式布局缺陷带来的不良体验。

## 2.2.9　底部导航栏式布局

　　底部导航栏式布局的设计比较方便，而且适合单手操作，很多 APP 设计师都十分青睐这种布局模式，如微信、淘宝和支付宝等手机客户端都是采用这种方式。

　　例如，在手机"支付宝"APP 的主界面底部，就有"财富""口碑""朋友""我的"导航按钮，方便用户快捷操作。用户可以单击不同按钮切换至相应的页面，操作十分方便，功能分布也比较清晰，如图 2-12 所示。

图 2-12　底部导航栏式布局

## 2.3　移动 UI 的布局策略

　　UI 的呈现需要布局的规划，而界面布局也有理论的支撑。本节将补充讲解一些界面布局的理论知识，以达到优化布局的目的。

### 2.3.1　图文信息布局的设计方法

　　图文信息布局可以让 APP 显得更加商务化，这也是商业、金融类 APP 中最常见的布局方式，其优缺点如图 2-13 所示。

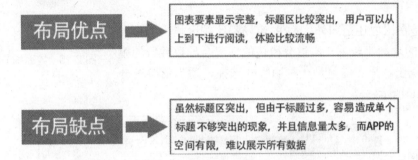

**图 2-13　图文信息布局的优缺点**

　　例如，"微信" APP 中的钱包账单界面大多采用图文信息布局，尤其在账单界面中，功能比较清晰，用户可以一眼看到支出金额、收入金额、支出途径、收入途径、每月支出曲线图、支出分类等信息，还有简单的图表分析模式。如图 2-14 所示为微信账单界面。

**图 2-14　"微信"账单界面**

## 2.3.2 界面细节的设计方法

APP 软件在细节设计上的完善,主要从如图 2-15 所示的几个方面入手。

当内容创新较为困难时,在细节上精益求精就成为 APP 能够出类拔萃的主要方式,通过细节的完美程度来获得用户的好感,从而帮助 APP 建立品牌优势。

在图 2-15 所示的界面细节完善方法中,有三个最为关键的方法。下面针对这 3 个方法进行深入分析。

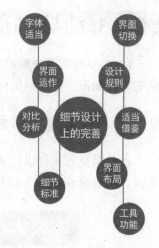

图 2-15　界面细节的完善方法

### 1. 适当借鉴

无论是在国内还是国外,APP 市场都比较火热,但是大部分 APP 的功能比较单一,过分模仿的情况会导致独特的模式变得大众化。适当借鉴是一种明智的选择,适当借鉴的分析如图 2-16 所示。

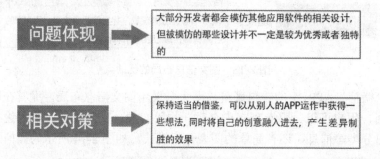

图 2-16　适当借鉴的分析

### 2. 界面运作

在同一款 APP 中,用户的界面运作结果应当是保持一致的。这里的"一致"主要是指形式上的一致。以 APP 中的列表框为例,如果用户单击其中的某项,使得某些事件发生,那么用户单击其他任何列表框中的一项,都应该有同样的结果,这种结果就是"一致"的体现。

保持界面运作结果的一致对于 APP 的长期发展是有利的,尤其是可以培养用户的使用习惯,具体分析如图 2-17 所示。

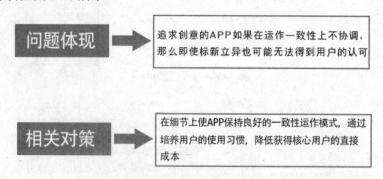

图 2-17　界面运作的分析

### 3. 界面布局

界面布局是最能够直接展示特色的地方，具体分析如图 2-18 所示。

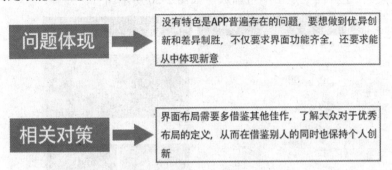

问题体现 ➡ 没有特色是APP普遍存在的问题，要想做到优异创新和差异制胜，不仅要求界面功能齐全，还要求能从中体现新意

相关对策 ➡ 界面布局需要多借鉴其他佳作，了解大众对于优秀布局的定义，从而在借鉴别人的同时也保持个人创新

图 2-18　界面布局的分析

## 2.3.3　移动 UI 的布局规则

在设计移动 UI 时，还需要掌握一些布局原则，以便为用户提供更好的操作体验。

### 1. 统一的 Logo 位置

需要对 APP 的 Logo 位置进行规划，最后将所有界面的 Logo 位置进行统一，即不管用户进入哪个界面，Logo 都处在同一个位置。

例如，在"虎扑体育"APP 的主界面中，用户可以左右滑动手机屏幕来切换界面，但其 Logo 一直处于界面左上角的位置，如图 2-19 所示。

图 2-19　"虎扑体育"APP 界面 Logo

### 2. 合理的内容排列次序

当界面中展示的信息内容比较多时，应尽量安排先后次序进行合理排序，将所有重要的选项或内容放在主界面中。将用户最常用、最喜欢的功能排在前面，将一些比较少用但

又很重要的功能排在后面,将一些可有可无的功能放入隐藏菜单中。

例如,在"芒果 TV"APP 的主界面中,会根据用户的直接需求,推出相应的精品视频资源,用户直接在主界面中点击即可播放,如图 2-20 所示。

图 2-20 "芒果 TV"APP 的界面

如果想要通过 APP 直接查看正在直播的电视节目,用户需要在导航栏中找到并切换至"直播"界面,然后选择相应的电视台。

### 3. 突出的 APP 重要条目

很多 APP 都有一些重要条目,在布局时应尽量将其放置在页面的突出位置,如顶端或者底部的中间位置。

例如,"QQ 空间"的主要功能是发布动态,因此,在导航栏中放置了一个"+"号按钮,点击该按钮后,即可看到"说说""相册""拍摄""签到""日志""直播""动感影集"等导航按钮(此处也满足先后次序的原则),如图 2-21 所示。

图 2-21 "QQ 空间"APP 的重要条目按钮

另外，对于一些比较重要的信息，如消息、提示、通知等，应在 APP 界面中的醒目位置进行展示，使用户及时看到。

### 4. 适当的界面长度

APP 的主界面不宜过长，而且每个子界面的长度也要合适。当然，如果某些特别的 APP 内容过长，则最好在界面中的某个固定位置设置"返回顶部"按钮或者"内容列表"菜单按钮，让用户可以一键到达页面顶部或者内容的特定位置。

**提示**

界面是软件与用户交互的最直接的层，界面的好坏决定了用户对软件的第一印象。设计良好的界面能够引导用户自己完成相应的操作，起到向导的作用。同时，界面具有吸引用户的直接优势。

例如，"酷狗音乐"APP 中由于推荐歌单的内容比较丰富，界面拉得很长，设计者就在右下角设置了"返回顶部"和"定位到当前播放的歌曲"按钮，以方便用户进行相关操作。点击"返回顶部"按钮，可以快速切换至界面最顶部的区域；点击"定位到当前播放的歌曲"按钮，则可以在众多歌曲中找到正在播放的歌曲，如图 2-22 所示。

对于专门设置的一些导航菜单，界面应尽可能短小，让用户一眼即可看完其中的内容。尤其要避免在导航菜单中使用滚屏，否则即使设计者花心思在其中添加了很多功能，用户也可能没耐心继续往下翻。

图 2-22 "酷狗音乐"APP 导航按钮

## 习 题

1. 常见的移动 UI 的纵横布局有哪几种？
2. 常见的移动 UI 的特殊布局有哪些？请列出 5 种。

第 **3** 章

# 移动 UI 视觉交互设计法则

**基础知识**
- ◈ 打造简洁与抽象美感
- ◈ 营造趣味视觉画面

**重点知识**
- ◈ 塑造华丽视觉效果
- ◈ 把握色彩的使用特点

**提高知识**
- ◈ 提升 UI 的文字设计
- ◈ 优化移动 UI 的图案效果

　　移动互联网以及移动设备的到来，彻底改变了人们的生活方式，给人们带来了极大的便利。也正因如此，移动 UI 设计随之兴起，而且移动 UI 的视觉效果越来越好，交互设计的水平也越来越高，不断提升人们对移动 APP 的兴趣和使用体验。

## 3.1 把握 UI 的视觉特色

"视觉"是一个生理学词汇。光作用于视觉器官,使其感光细胞兴奋,信息经视觉神经系统加工后便产生视觉(Vision)。UI 设计通过屏幕和人眼,向人的大脑传递信息。本节将介绍关于 UI 视觉特色的设计要点。

### 3.1.1 打造简洁与抽象美感

好的移动 UI 具有一定的视觉效果,可以直观、生动、形象地向用户展示信息。

在视觉效果的设计上,简约明快型的 APP UI 应尽量突出个性和美感,且这种界面更适合色彩支持数量较少的彩屏手机。

通过组合各种颜色块和线条,可使界面更加简约、大气。通过点、线、面等基本形状元素,再加上纯净的色彩搭配,可使界面更加整洁、有条理,给用户带来赏心悦目的感觉,如图 3-1 所示。

图 3-1　具有美感的 APP 界面

### 3.1.2 营造趣味视觉画面

"趣味性"是指某事或者某物的内容能使人感到愉快,能引起兴趣的特征。

在移动 UI 设计中,趣味性主要是指通过一种活泼的视觉语言,使界面具有亲和力和情感魅力,让用户在新奇、振奋的情绪下深深地被界面中展示的内容所打动,如图 3-2 所示。

在进行移动 UI 设计时要多思考,采用别出心裁的个性化排版设计,以赢得更多用户的青睐。

图 3-2 用拖动火箭的方式清理垃圾的 UI 设计

## 3.1.3 塑造华丽视觉效果

华丽型的移动 UI 设计，主要是通过饱和的色彩和精美的质感来营造酷炫的整体视觉效果，如图 3-3 所示。

高贵华丽型的移动 UI 设计，需要用到更多的色彩和更复杂的设计元素，因此适合颜色数量较多的彩屏手机。

图 3-3 高饱和度颜色与低饱和度颜色对比

## 3.1.4 把握色彩的使用特点

对于移动 UI 设计来说，色彩是最重要的视觉元素。不同颜色代表不同的情绪，因此，对颜色的使用应该与 APP 以及主题相契合。例如，"Music"APP 底部的导航栏通过运用不同色彩的按钮来代表其不同的激活状态，使用户快速知道自己所处的位置，如图 3-4 所示。

在移动 UI 的制作过程中，根据颜色的特性，可以通过调整色相、明度以及纯度之间的对比关系，或通过颜色之间面积的调和，搭配出色彩斑斓、变幻无穷的移动 UI 效果。总之，就是让自己的移动 UI 更好看、更别致一些，这样就会在视觉上吸引用户，给 APP 带来更多的下载量。

图 3-4　APP 底部导航栏中不同颜色的按钮

## 3.2　提升 UI 的文字设计

在 UI 设计中，文字和图片是两大构成要素。文字排列组合的好坏会直接影响 APP 界面的视觉传达效果。因此，文字设计是提高 UI 的诉求力和赋予 UI 审美价值的一种重要的构成要素。

### 3.2.1　内容设计简洁化

在设计 APP UI 内容时，每一个界面不要放置过多的内容，否则会让用户难以理解，操作也会显得更加烦琐。

例如，可以使用一些半透明效果的图案来制作 UI，这样既简单明了，又不影响其他内容的显示，如图 3-5 所示。

图 3-5　半透明界面和简洁的界面

## 3.2.2　字体设计合理

在设计 APP UI 中的文字时，要谨记文字不但是设计者传达信息的载体，也是 UI 设计中的重要元素，必须保证文字的可读性，以严谨的设计态度实现新的突破。通常，经过艺术设计的字体可以使 APP UI 中的信息更形象、更具有美感。

随着智能手机 APP 的崛起，人们在智能手机上阅读与浏览信息的时间越来越长，也促使用户的阅读体验变得越来越重要。在 APP UI 中，文字是影响用户阅读体验的关键元素，因此，设计者必须让界面中的文字更能准确地被用户识别。

在设计时，还要注意避免使用不常见的字体，缺乏识别度的字体可能会让用户难以理解其中的文字信息，如图 3-6 所示。

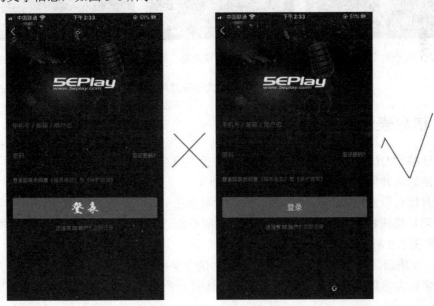

图 3-6　避免使用不常见的字体

**提示**

在进行 APP UI 的文字编排时，应该多使用用户比较熟悉的词汇，这样不仅可以避免用户耗费额外时间去思考其含义，还可以防止用户对文字产生歧义，从而让用户更加轻松地操作界面。

### 3.2.3　突出文字层次

在设计以英文为主的移动 UI 时，设计者可以巧用字母的大小写变化，这样不但可以使界面中的文字更加具有层次感，而且可以使文字信息在造型上富有情趣，同时能给用户带来一定的视觉舒适感，并可以使用户更加快捷地接收界面中的文字信息。

通过图 3-7 所示移动 UI 的对比可以发现，当界面中的英文全部为大写或小写字母时，整体上显得比较呆板，给用户带来的阅读体验不理想；而采用传统首字母大写的英文大小写穿插方式，可以让移动 UI 中的文字信息显得更加灵活，重点突出，更便于用户阅读。

(a) 大小写穿插效果　　　　　(b) 全小写效果　　　　　(c) 全大写效果

图 3-7　英文大小写效果

### 3.2.4　信息表达清晰

在设计移动 UI 中的文字效果时，除了要注意英文字母的大小写外，字体以及字体大小的设置也是影响效果的重要因素。

通过对比可以发现，不同字体大小的文字组合在一起，可以更清晰地表达文字信息，更有助于用户快速抓住文字的重点，进而达到吸引眼球的目的，不同字体大小的文字效果如图 3-8 和图 3-9 所示。

如图 3-9 所示，经过对比可以发现，右图中的文字阅读起来更加方便，这是因为该界面中文字的字体大小能为用户带来更舒适的阅读体验。

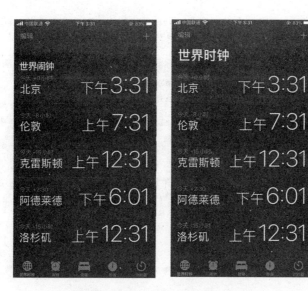

图 3-8　不同字体大小的文字效果(1)

当然，对于一般阅读类 APP 界面中文字的字体大小，根据 APP 的定制特性，用户都可以通过相关设置或者手势进行调整。

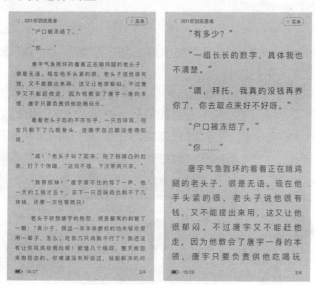

图 3-9　不同字体大小的文字效果(2)

## 3.2.5　掌握文字间距

在阅读移动 UI 中的文字时，不同的文字间距会带来不同的阅读感受。例如，过小的文字间距可能会给用户的阅读带来更多紧迫感，而过大的文字间距则会使文字显得断断续续，缺少连贯性。

如图 3-10(b)所示，正文显得十分拥挤，用户在阅读这些文字时容易产生疲劳感，因此，需要对行距和字符间距进行适当的调整；另外，可以在文字区域中用上下滑动的手势控制文字效果，以方便用户翻页浏览。

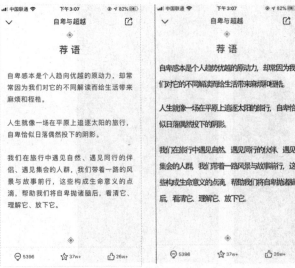

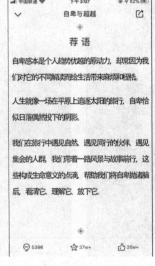

（a）正常字符间距  （b）过于紧密字符间距  （c）过于稀疏字符间距

图 3-10　不同字符间距效果

## 3.2.6　文字颜色设计

过去的移动 UI 设计大大低估了色彩的作用，色彩其实是一个了不起的工具，应该被充分利用，尤其是在设置文字效果时。

适当地设计 APP 界面中的文字颜色，可以增强文字的可读性。通常的手法是，使文字内容穿插不同的颜色或者增强文字与背景之间的颜色对比，使界面中的文字有更强的表达能力，帮助用户更快地理解文字信息，同时也方便用户对其进行浏览和操作，如图 3-11 所示。

图 3-11　文字颜色的应用效果

## 3.2.7　画面美感设计

在设计移动 UI 时，美观是设计师的首要要求，设计者可以通过适当的图形组合与色彩搭配来修饰界面元素，增强移动 UI 的观赏性，为用户带来更好的视觉感受，如图 3-12 所示。

该图为一个手机音乐播放器 APP 界面，采用黑色的简单背景，缺乏设计感，其实设计者还可以让它更加美观

下图相对于上图而言，调整了背景图形的色相/饱和度，并对图像进行了虚化处理，显得朦胧唯美，让整个界面更富有形式美感

图 3-12　增加移动 UI 的观赏性

## 3.2.8　使用性能优化

除了利用美观性来吸引用户以外，移动 UI 还必须具备一定的实用性，否则就会成为一个"花架子"，用户也许会下载它，如果发现并不实用就很可能会立即卸载。

实用性主要体现在以下三个方面。

(1) 是否能为用户带来较好的操控体验。

(2) 重要的信息在界面中是否能得到直观的展示。

(3) APP 的功能设置是否简单明了。

在移动 UI 的设计过程中，设计者一定要把握好实用性的要点，避免出现徒有其表的情况，那样是很难留住用户的，如图 3-13 所示。

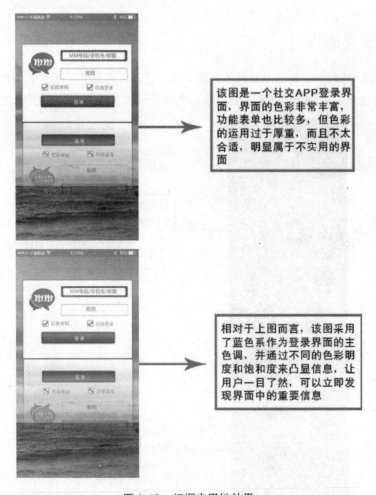

图 3-13　把握实用性效果

## 3.3　优化移动 UI 的图案效果

　　"二流企业造产品，一流企业创品牌"。在消费者越来越挑剔、可替代性产品越来越多的环境下，要想使自己的产品突出重围，就必须能打动人心。优秀的 UI 图案设计能够在第一时间吸引人的眼球，本节将讲解如何优化移动 UI 的图案效果。

### 3.3.1　分辨率影响美感

　　在移动 UI 中，图像的品质与分辨率有很大的关系，较高的分辨率可以让图像显得更加清晰、精美，能够体现出图像的内在质感，如图 3-14(a)所示。

　　当然，如果图像非常模糊、品质较差，那么肯定会影响用户的视觉体验，降低用户对APP 的好感，如图 3-14(b)所示。

(a) 高分辨率图像　　　　　　　　　　　　(b) 低分辨率图像

图 3-14　不同分辨率图像效果对比

## 3.3.2　拉伸影响美感

在设计移动 UI 中的图像时，如果随意拉伸图像会使图像失真变形，如图 3-15 所示，不但看上去感觉很奇怪，而且会让用户质疑该 APP 的专业性。

图 3-15　过度拉伸的图片与正常尺寸图片的效果

因此，在处理移动 UI 的图像时，应该按照等比例缩放或合理裁剪的原则来控制图像的尺寸，要避免出现随意拉伸的情况，保持图像的真实感。

## 3.3.3　特效美化界面

在移动 UI 中应用各种素材图像时，设计者可以适当地对图像进行一定的色彩或特效处理，使其在移动 UI 中的展示效果更佳，为用户带来更好的视觉体验。

使用 Photoshop 调整图像的透明度、混合模式或者虚化效果等，都是不错的选择，既可以突出移动 UI 中的重点信息，也可以使 APP 界面的层次感更强。如图 3-16 所示分别为原图、设置模糊效果、设置混合模式效果图片。

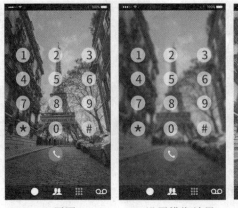

(a) 原图　　　　(b) 设置模糊效果　　　　(c) 设置混合模式效果

图 3-16　图像效果图

### 3.3.4　交互动作特性

如今，触摸屏已经成为移动智能设备的标配，多点触控手势技术也被广泛应用，在用户与智能手机、平板电脑等设备之间建立了一种更宽广的联系方式。

在智能手机 APP UI 设计中，最重要的特性就是手势交互动作。用户可以通过模拟真实世界的手势，与屏幕上的各种元素进行互动，进一步提升人机交互的体验。如图 3-17 所示为一些常见的手势交互操作。

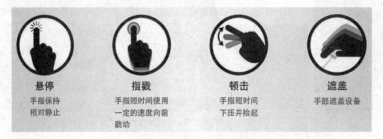

图 3-17　常见的手势交互操作

例如，手势交互动作特性中的自然手势就是真实物理世界中存在或演变而来的手势。这类手势的动作十分自然，用户基本不需要或很少需要去学习。如图 3-18 所示为钢铁侠系列电影中的全息触控交互。

图 3-18　全息触控交互

### 3.3.5　增加真实感

在 APP UI 设计中，"遵循动作"主要是指一个 UI 元素的运动频率。例如，在图 3-19 所示的"京东"APP 界面中浏览华为手机商品时，可以使用 3D 浏览模式，用户可以随意滑动来查看手机细节，可以向用户 360°地展示其特点。

图 3-19　3D 展示技术

对于运动频率很小的 UI 元素，在设计时可以通过数据精确地将其描述出来，让 APP 中的动画效果看起来更加真实。

### 3.3.6　透析事物关系

从 APP 的体验设计层面来说，设计者必须考虑多个 UI 元素动作的重复运用以及循环速率，以此来解释各个 UI 元素之间的关系，这样可以避免大量的设计工作。

例如，在如图 3-20 所示的这款"王者荣耀"游戏 APP 的界面中，用户点击英雄即可查看其具体的参数，但英雄的循环运动动作还是在重复不变。

图 3-20　在不同界面中重复运用同一个 UI 元素

### 3.3.7 关键动作效果

在移动 UI 设计中，大部分动画和运动特效都可以运用关键动作进行绘制。例如，"植物大战僵尸"游戏 APP 就是运用关键动作进行绘制的，用户可以通过将多种不同植物武装来切换、改变其功能，从而快速有效地阻挡入侵僵尸，如图 3-21 所示。

图 3-21 "植物大战僵尸"游戏 APP UI

关键动作主要是指将一个动作拆解成一些重要的定格动作，通过补间动画来产生动态的效果，适用于较复杂的动作，如图 3-22 所示。

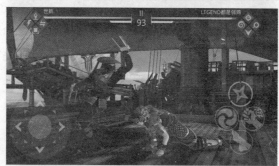

图 3-22 APP 中的关键动作

### 3.3.8 展现连续动画

连续动作是指动作连续而有规律的变化，通常用来制作简单的动态效果。例如，"水果忍者"游戏 APP 就是采用连续动作原则来描述运动轨迹的，如图 3-23 所示。

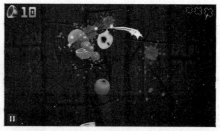

图 3-23　"水果忍者" 游戏 APP UI

## 3.3.9　实现夸张想象

移动 UI 动画设计的最大乐趣在于设计者可以充分发挥想象力和创造力，利用夸张的方式制作利于触碰的 UI 元素。如图 3-24 所示 APP 中的进度条与汽车油表指示灯十分相似，创意性很强。

图 3-24　用汽车油表指示灯作为 APP 的进度条

## 习　题

1. 如何把握 UI 的视觉特色？
2. 提升 UI 文字设计的方法有哪些？

# 第 4 章

## 移动 UI 中的基本元素

本章要点

**基础知识** ❖ 按钮设计
❖ 输入框设计

**重点知识** ❖ 导航栏设计
❖ 图标栏设计

**提高知识** ❖ 标签设计
❖ 进度条设计

本章导读

　　移动 UI 是由多个不同的基本元素组成的，其中包括按钮、标签、列表框、图标栏等，通过外形上的组合、色彩搭配等设计，达到完美的界面效果。本章将简单介绍移动 UI 中常用的基本元素。

## 4.1 按钮设计

在移动 UI 中，按钮是指可以响应用户手指点击动作的各种文字和图形。这些常规按钮的作用是对用户的手指点击动作做出反应并触发相应的事件。

各种按钮的风格虽然不一样，上面可以是文字，也可以是图像，但它们最终都用于实现确认、提交等功能。常见的按钮外观包括圆形、矩形、圆角矩形等，常见的按钮效果如图 4-1 所示。当然，也有为了表现应用程序独特的个性而设计的异形的按钮，如图 4-2 所示为异形按钮效果。

图 4-1   常见的按钮效果                    图 4-2   异形按钮效果

在按钮的外观形状不变的情况下，可以通过阴影、渐变、发光、颜色等特效来制作按钮的多种不同状态。通常情况下，按钮要和 APP 品牌保持统一的色彩和视觉风格，在设计时可以从品牌 Logo 中借鉴形状、材质和风格等。

## 4.2 开关按钮设计

开关按钮可控制 APP 某个功能或设置的开启或关闭(例如网络开关、Wi-Fi 开关等)，通常情况下打开时显示为彩色，关闭时则显示为灰色，同样，开关按钮也可以根据 APP 进行个性化设置。在设计开关按钮效果时，应当注意至少要同时设计两种状态，一个是开启状态，一个是关闭状态，部分开关按钮的效果如图 4-3 所示。

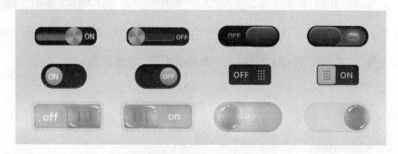

图 4-3   开关按钮的效果

## 4.3 输入框设计

　　在 UI 元素中最基础的就是输入框,输入框又叫文本框,是用户输入文字的地方,通常是一条长长的矩形,附带各种元素,常见于表单、聊天软件、注册登录界面、搜索框等。随着 APP 应用程序的不断开发,输入框的交互和设计也越来越别出心裁,如图 4-4 所示为不同类型的输入框设计效果。

图 4-4　输入框设计效果

## 4.4 标签设计

　　标签可用于切换不同视图或功能,还可用于浏览不同类别的数据等。使用标签可以将大量的数据或者选项划分为简单易懂的分组,可以更加规范和系统地划分界面信息。如图 4-5 所示为不同的标签效果。

图 4-5　标签效果

## 4.5　列表框设计

列表框可用于提供一组条目，用户可以用鼠标选择其中一个或者多个项目，但是不能直接编辑列表框中的数据。在移动 UI 的界面设计中，列表框通常用于数据以及信息等内容的展示与选择，效果如图 4-6 所示。

图 4-6　列表框效果

## 4.6　导航栏设计

通常情况下，APP 主体中的功能列表被称为"导航栏"。顶部导航栏一般由两个操作按钮和 APP 名称组成，左边的按钮一般用于返回、取消等操作，右侧按钮具有搜索、添加等作用。如图 4-7 所示为导航栏效果。

图 4-7　导航栏效果

## 4.7　图标栏设计

在 UI 设计中，最为常见的就是图标栏，图标栏多数位于界面的底部位置，由三个或多个图标组成。在设计图标栏的过程中，有的图标栏只使用具有很强指示作用的图标对信息进行展示，而有的图标则会配有相应的文字解释。如图 4-8 所示为不同的图标栏效果。

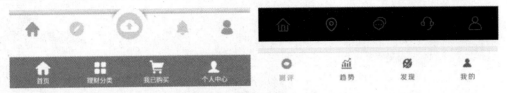

图 4-8　不同的图标栏效果

## 4.8　进度条设计

手机系统或 APP 在处理某些任务时，会实时地以图像的形式显示处理任务的速度、完成度和剩余未完成任务量的大小，以及可能需要的处理时间，一般以条状显示，这被称为进度条。当然，设计者也可以充分发挥创意，制作出一些特殊的进度条效果，如圆形、圆角矩形等，如图 4-9 所示为不同的进度条效果。

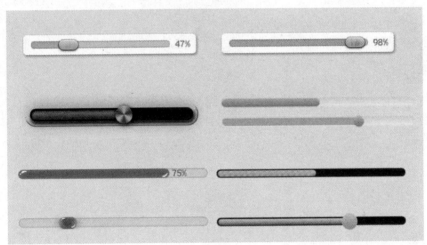

图 4-9　进度条效果

## ■　习　题

1. 简述按钮的作用。
2. 什么是输入框？

第 **5** 章

## Photoshop CC 基础应用

本 章 要 点

**基础知识** ◇ Photoshop CC 的基本操作
◇ Photoshop CC 的工作环境

**重点知识** ◇ 文件的相关操作
◇ 图像的窗口操作

**提高知识** ◇ 识别移动 UI 设计的基本图像
◇ 图像设计的辅助操作

本 章 导 读

本章主要对 Photoshop CC 进行简单的介绍，包括 Photoshop CC 的安装、启动与退出，以及工作环境，并介绍了文件的相关操作、窗口的基本操作以及图像设计的辅助操作。通过对本章的学习，使用户对 Photoshop CC 有一个初步的认识，为后面章节的学习奠定良好的基础。

## 5.1 Photoshop CC 的基本操作

在学习 Photoshop CC 之前，首先要安装 Photoshop CC 软件。本节将详细介绍安装、卸载、启动与退出 Photoshop CC 软件的方法。

### 5.1.1 安装 Photoshop CC

Photoshop CC 是专业的设计软件，其安装方法比较标准，具体安装步骤如下。

(1) 在相应的文件夹下找到下载的安装文件，双击安装文件图标，如图 5-1 所示。

(2) 弹出【Adobe 安装程序】对话框，单击【忽略】按钮，如图 5-2 所示。

图 5-1　双击文件图标

图 5-2　【Adobe 安装程序】对话框

(3) 此时软件正在初始化安装程序，如图 5-3 所示。

(4) 弹出 Adobe Photoshop CC 对话框，单击【接受】按钮，如图 5-4 所示。

图 5-3　初始化安装程序

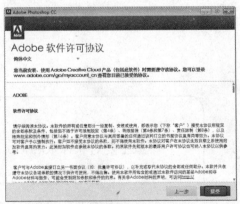

图 5-4　单击【接受】按钮

(5) 弹出【选项】界面，在该界面中根据自己的需要，设置安装路径，单击【安装】按钮，如图 5-5 所示。

(6) 在弹出的【安装】界面中将显示安装的进度，如图 5-6 所示。

(7) 安装完成后，将会弹出【安装完成】界面，单击【关闭】按钮即可，如图 5-7 所示。

图 5-5 选择安装路径

图 5-6 显示安装进度

图 5-7 【安装完成】界面

## 5.1.2 卸载 Photoshop CC

卸载 Photoshop CC 的具体操作步骤如下。

(1) 单击计算机屏幕左下角的【开始】按钮，选择【控制面板】选项，如图 5-8 所示。

(2) 在【程序】界面中选择【卸载程序】选项，在【卸载或更改程序】界面中选择 Adobe Photoshop CC 选项，单击【卸载】按钮，如图 5-9 所示。

图 5-8 选择【控制面板】选项

图 5-9 单击【卸载】按钮

(3) 在【卸载选项】界面中，勾选【删除首选项】复选框，单击【卸载】按钮，如图 5-10 所示。

(4) 卸载进度如图 5-11 所示。

图 5-10　勾选【删除首选项】复选框

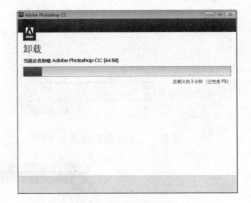

图 5-11　卸载进度

(5) 卸载完成后，将会弹出【卸载完成】界面，单击【关闭】按钮即可，如图 5-12 所示。

图 5-12　卸载完成

## 5.1.3　启动 Photoshop CC

启动 Photoshop CC ，可以执行下列操作之一。

◎ 选择【开始】|【所有程序】| Adobe Photoshop CC 命令，如图 5-13 所示，即可启动 Photoshop CC。如图 5-14 为 Photoshop CC 的起始界面。

◎ 直接在桌面上双击 快捷图标。

◎ 双击与 Photoshop CC 相关联的文档。

## 5.1.4　退出 Photoshop CC

若要退出 Photoshop CC ，可以执行下列操作之一。

◎ 单击 Photoshop CC 程序窗口右上角的【关闭】按钮 。

◎ 选择【文件】|【退出】命令，如图 5-15 所示。

◎　单击 Photoshop CC 程序窗口左上角的 **Ps** 图标，在弹出的下拉列表中选择【关闭】命令。

◎　双击 Photoshop CC 程序窗口左上角的 **Ps** 图标。

◎　按下 Alt+F4 快捷组合键。

◎　按下 Ctrl+Q 快捷组合键。

图 5-13　选择 Adobe Photoshop CC 命令

图 5-14　起始界面

如果当前图像是一个新建的或没有保存过的文件，则会弹出一个信息提示对话框，如图 5-16 所示。单击【是】按钮，打开【存储为】对话框；单击【否】按钮，可以关闭文件，但不保存修改结果；单击【取消】按钮，可以关闭提示对话框，并取消关闭操作。

图 5-15　选择【退出】命令

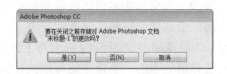

图 5-16　提示对话框

## 5.2 Photoshop CC 的工作环境

下面介绍 Photoshop CC 工作区中的工具、面板和其他元素。

### 5.2.1 Photoshop CC 的工作界面

Photoshop CC 工作界面的设计非常系统化，便于操作和理解，同时也易于被人们接受。其工作界面主要由菜单栏、工具选项栏、工具箱、状态栏、面板和工作界面等几个部分组成，如图 5-17 所示。

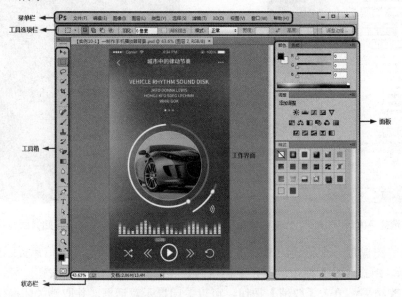

图 5-17 Photoshop CC 的工作界面

### 5.2.2 菜单栏

Photoshop CC 共有 11 个主菜单，如图 5-18 所示，每个菜单都包含相同类型的命令。例如，【文件】菜单中包含的是用于设置文件的各种命令，【滤镜】菜单中包含的是各种滤镜。

Ps 文件(F) 编辑(E) 图像(I) 图层(L) 文字(Y) 选择(S) 滤镜(T) 3D(D) 视图(V) 窗口(W) 帮助(H)

图 5-18 菜单栏

单击一个菜单的名称即可打开该菜单。在菜单中，不同功能的命令之间采用分隔线进行分隔，带有黑色三角标记的命令表示还包含下拉菜单，将光标移动到这样的命令上，即可显示下拉菜单。如图 5-19 所示为【滤镜】|【模糊】子菜单。

选择菜单中的一个命令便可以执行该命令，如果命令后面附有快捷键，则无须打开菜单，直接按下快捷键即可执行该命令。例如，按 Alt+Ctrl+I 快捷键可以执行【图像】|【图像大小】命令，如图 5-20 所示。

　　有些命令只提供了字母，要通过快捷方式执行这样的命令，可以按下 Alt 键+命令的字母。使用字母执行命令的操作方法如下。

　　(1) 打开一个图像文件，按 Alt 键，然后按 E 键，打开【编辑】菜单，如图 5-21 所示。

　　(2) 然后按 L 键，即可打开【填充】对话框，如图 5-22 所示。

图 5-19　子菜单

图 5-20　带有快捷键的菜单

图 5-21　【编辑】菜单

图 5-22　【填充】对话框

　　如果一个命令的名称后面带有…符号，则表示执行该命令将打开一个对话框，如图 5-23 所示。

　　如果菜单中的命令显示为灰色，则表示该命令在当前状态下不能使用。

　　快捷菜单会因所选工具的不同而显示不同的内容。例如，使用画笔工具时，显示的快捷菜单是画笔选项设置面板，而使用渐变工具时，显示的快捷菜单则是渐变编辑面板。在图层上单击右键也可以显示快捷菜单，图 5-24 所示为当前工具为【裁剪工具】时的快捷菜单。

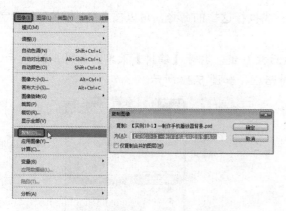

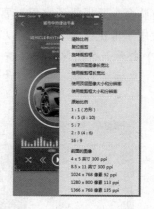

图 5-23　执行带有…符号的命令　　　　　图 5-24　【裁剪工具】快捷菜单

## 5.2.3　工具箱

第一次启动应用程序时，工具箱将出现在屏幕的左侧，可通过拖动工具箱的标题栏来移动它。通过选择【窗口】|【工具】命令，用户也可以显示或隐藏工具箱。Photoshop CC 的工具箱如图 5-25 所示。

单击工具箱中的一个工具即可选择该工具，将鼠标指针停留在一个工具上，会显示该工具的名称和快捷键，如图 5-26 所示。也可以按下工具的快捷键来选择相应的工具。右下角带有三角形图标的工具表示这是一个工具组，在这样的工具上按住鼠标可以显示隐藏的工具，如图 5-27 所示；将鼠标指针移至隐藏的工具上然后放开鼠标，即可选择该工具。

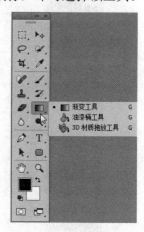

图 5-25　工具箱　　　　　图 5-26　显示工具的名称和快捷键　　　　　图 5-27　显示隐藏工具

## 5.2.4　工具选项栏

大多数工具的选项都会在其选项栏中显示，选中移动工具后的选项栏如图 5-28 所示。

图 5-28　工具选项栏

工具选项栏会随所选工具的不同而变化。选项栏中的一些设置对于许多工具都是通用的，但是有些设置则专属于某个工具。

## 5.2.5  面板

使用面板可以监视和修改图像。

默认情况下，面板以组的方式堆叠在一起，用鼠标左键拖动面板的顶端可以移动面板组，单击各类面板标签打开相应的面板。

用鼠标左键单击面板中的标签，然后将其拖动到面板以外，就可以从组中移去该面板。

## 5.2.6  图像窗口

通过图像窗口可以移动整个图像在工作区中的位置。图像窗口会显示图像的名称、百分比率、色彩模式以及当前图层等信息，如图 5-29 所示。

单击窗口右上角的 ▬ 图标可以最小化图像窗口，单击窗口右上角的 ▢ 图标可以最大化图像窗口，单击窗口右上角的 ✖ 图标可以关闭整个图像窗口。

图 5-29  图像窗口

## 5.2.7  状态栏

状态栏位于图像窗口的底部，它左侧的文本框中显示窗口的视图比例，如图 5-30 所示。

图 5-30  窗口的视图比例

在文本框中输入百分比值，然后按 Enter 键，可以重新调整视图比例。

在状态栏上单击时，可以显示图像的宽度、高度、通道数目和分辨率等信息，如图 5-31 所示。

如果按住 Ctrl 键单击(按住鼠标左键不放)，可以显示图像的拼贴宽度等信息，如图 5-32 所示。

图 5-31  图像的基本信息

图 5-32  图像的信息

单击状态栏中的▶按钮，将弹出如图 5-33 所示的快捷菜单，在此菜单中可以选择状态栏中显示的内容。

图 5-33　弹出的快捷菜单

### 知识链接：优化工作界面

Photoshop CC 提供了标准屏幕模式、带有菜单栏的全屏模式和全屏模式，在工具箱中单击【更改屏幕模式】按钮 或用快捷键 F 可以切换 3 种不同模式。对于初学者来说，建议使用标准屏幕模式。三种模式的工作界面如图 5-34、图 5-35 和图 5-36 所示。

图 5-34　标准模式

图 5-35　带有菜单栏的全屏模式

图 5-36　全屏模式

## 【实例 5-1】个性化设置

本例将讲解如何对 Photoshop 软件进行个性化设置，通过对其进行设置可以大大提高工作效率。

【实例 5-1】个性化设置.mp4

(1) 启动软件后，在菜单栏中选择【编辑】|【首选项】|【常规】命令，会弹出【首选项】对话框，如图 5-37 所示。

(2) 切换到【界面】选项卡，在【颜色方案】中选中最后一个色块，其他参数保持默认值，如图 5-38 所示。

图 5-37　【首选项】对话框

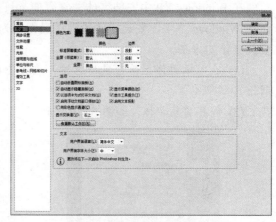

图 5-38　设置外观界面

(3) 切换到【光标】选项卡，在该界面中可以设置【绘画光标】和【其他光标】，例如将【绘画光标】设置为【标准】，【其他光标】设置为【标准】，如图 5-39 所示。

(4) 切换到【透明度与色域】选项卡，可以设置【网格大小】和【网格颜色】，设置完成后单击【确定】按钮，如图 5-40 所示。

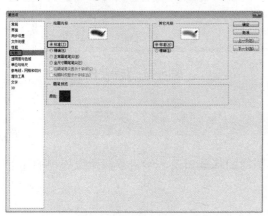

图 5-39　设置光标

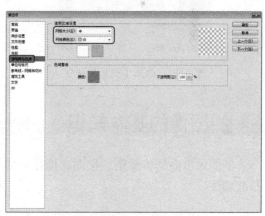

图 5-40　设置透明度与色域

提示

【绘画光标】：用于设置使用绘图工具时，光标在工作区中的显示状态，以及光标中心是否显示十字线。

【其他光标】：用于设置使用其他工具时，光标在工作区中的显示状态。

【画笔预览】：用于定义画笔编辑预览的颜色。

### 5.2.8 字体的安装

在 Windows XP 中安装字体非常方便，只需将字体文件复制到系统盘的字体文件夹中。而在 Windows 7 中，安装字体的操作显得更为简便，这里为大家全面介绍在 Windows 7 中安装字体的方法。

(1) 在字体文件上单击鼠标右键，在弹出的快捷菜单中选择【安装】命令，如图 5-41 所示。

(2) 即可安装字体，如图 5-42 所示。

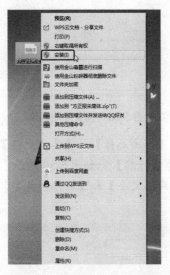

图 5-41　选择【安装】命令

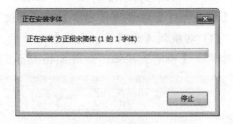

图 5-42　安装字体

## 5.3 图像的基本知识

下面通过介绍矢量图、位图、图像格式等图像的基础知识，学习掌握图像处理的速度和准确性。

### 5.3.1 矢量图和位图

矢量图由经过精确定义的直线和曲线组成，这些直线和曲线称为向量，通过移动直线调整其大小或更改其颜色时，不会降低图形的品质。

矢量图与分辨率无关，也就是说，可以将它们缩放到任意尺寸，可以按任意分辨率打印，而不会丢失细节或降低清晰度，如图 5-43 所示。

图 5-43　矢量图

矢量图文件占据的空间很小，但是该图形的缺点是不易制作色调丰富的图片，绘制出来的图形无法像位图那样精确。

位图图像在技术上称为栅格图像，它由网格上的点组成，这些点称为像素。在处理位图图像时，编辑的是像素，而不是对象或形状。位图图像是连续色调图像(如照片或数字绘画)最常用的电子媒介，因为它们可以表现出阴影和颜色的细微层次。

在屏幕上缩放位图图像时，可能会丢失细节，因为位图图像与分辨率有关，包含固定数量的像素，并且为每个像素分配了特定的位置和颜色值。如果在打印位图图像时采用的分辨率过低，位图图像可能会呈锯齿状，因为此时放大了每个像素的大小，如图 5-44 所示。

图 5-44　位图

## 5.3.2　图像格式

要确定理想的图像格式，必须首先考虑图像的使用方式。例如，用于网页的图像一般使用 JPEG 和 GIF 格式，用于印刷的图像一般要保存为 TIFF 格式。其次要考虑图像的类型，最好将具有大面积单一颜色的图像存储为 GIF 或 PNG-8 图像，而将那些具有渐变颜色或其他连续色调的图像存储为 JPEG 或 PNG-24 文件。

在正式进入主题之前，首先讲一下有关计算机图形图像格式的相关知识，因为它在某种程度上将决定你所设计的作品输出质量的优劣。另外在制作影视广告片头时，你会用到大量的图像作为素材、材质贴图或背景。当你将一个作品完成后，输出的文件格式也将决定你所制作作品的播放品质。

在日常的工作和学习中，你还需要收集和发现并积累各种文件格式的素材。需要注意的一点是，所收集的图片或图像文件各种格式的都有，这就涉及一个图像格式转换的问题，而如果我们已经了解了图像格式的转换，则在制作中就不会受到限制，并且还可以轻松地将所收集的和所需的图像文件为己所用。

在作品的输出过程中，我们同样也可以将它们存储为所需要的文件格式，而不必再因为播放质量或输出品质的问题困扰你了。

下面简单介绍日常中经常见到的图像格式。

### 1. PSD 格式

PSD 是 Photoshop 软件专用的文件格式，能够保存图像数据的每一个细小部分，包括图层、蒙版、通道以及参考线和颜色模式。在保存图像时，若图像中包含有层，则一般用 Photoshop(PSD)格式保存。

该格式唯一的缺点是：使用这种格式存储的图像文件特别大，尽管 Photoshop 在计算的过程中已经应用了压缩技术，但是因为这种格式不会造成任何数据流失，所以在编辑的过程中最好选择这种格式存盘，直到最后编辑完成后再转换成其他占用磁盘空间较小、存储质量较好的文件格式。在存储成其他格式的文件时，有时会合并图像中的各图层以及附加的蒙版通道，这会给再次编辑造成麻烦，因此，最好在存储一个 PSD 的文件备份后再进行转换。

PSD 格式是 Photoshop 软件的专用格式，它支持所有的可用图像模式(位图、灰度、双色调、索引色、RGB、CMYK、Lab 和多通道等)、参考线、Alpha 通道、专色通道和图层(包括调整图层、文字图层和图层效果等)等。

### 2. TIFF 格式

TIFF 格式直译为"标签图像文件格式"，是由 Aldus 为 Macintosh 机开发的文件格式。

TIFF 用于在应用程序之间和计算机平台之间交换文件，是 Macintosh 和 PC 上使用最广泛的文件格式。它采用无损压缩方式，与图像像素无关。TIFF 常被用于彩色图片色扫描，它以 RGB 的全彩色格式存储。

要存储 Adobe Photoshop 图像为 TIFF 格式，可以选择存储文件为 IBM-PC 兼容计算机可读的格式或 Macintosh 可读的格式。要自动压缩文件，可选中 LZM 单选按钮。对 TIFF 文件进行压缩可减少文件大小，但会增加打开和存储文件的时间。

TIFF 是一种灵活的位图图像格式，被所有的绘画、图像编辑和页面排版应用程序所支持，而且几乎所有的桌面扫描仪都可以生成 TIFF 图像。TIFF 格式支持带 Alpha 通道的 CMYK、RGB 和灰度文件，支持不带 Alpha 通道的 Lab、索引色和位图文件。Photoshop 可以在 TIFF 文件中存储图层，如果在另一个应用程序中打开该文件，则只有拼合图像是可见的。Photoshop 也能够以 TIFF 格式存储注释、透明度和分辨率数据，TIFF 文件格式在实际工作中主要用于印刷。

### 3. JPEG 格式

JPEG 是 Macintosh 机上常用的存储类型，而且 Photoshop、Painter、FreeHand、Illustrator 等平面软件以及 3ds、3ds Max 软件都支持此类格式的文件。

JPEG 格式是所有压缩格式中最卓越的。在压缩前，可以从对话框中选择所需图像的最终质量，这样，就有效地控制了 JPEG 在压缩时的损失数据量，并且可以在保持图像质量不变的前提下，产生惊人的压缩比率，在没有明显质量损失的情况下，它的体积能降到 BMP 图片的 1/10。

使用 JPEG 格式，可以将当前所渲染的图像输入 Macintosh 机上做进一步处理。或将 Macintosh 制作的文件以 JPEG 格式再现于 PC 机上。总之，JPEG 是一种极具价值的文件格式。

### 4. GIF 格式

GIF 是一种压缩的 8 位图像文件。正因为它是经过压缩的，而且又是 8 位的，所以这种格式的文件大多用在网络传输上，速度要比传输其他格式的图像文件快得多。

此文件格式的最大缺点是最多只能处理 256 种色彩，不能用于存储真彩的图像文件。也正因为其体积小而曾经一度被应用在计算机教学、娱乐等软件中，也是人们较为喜爱的 8 位图像格式。

### 5. BMP 格式

BMP(Windows Bitmap)是微软公司 Paint 的自身格式，可以被多种 Windows 和 OS/2 应用程序所支持。在 Photoshop 中，最多可以使用 16 兆的色彩渲染 BMP 图像。因此，BMP 格式的图像具有极其丰富的色彩。

### 6. EPS 格式

EPS(Encapsulated PostScript)格式是专门为存储矢量图形设计的，用于在 PostScript 输出设备上打印。

Adobe 公司的 Illustrator 软件是绘图领域中一个极为优秀的程序。它既可以用来创建流动曲线、简单图形，也可以用来创建专业级的精美图像。它的作品一般存储为 EPS 格式。通常 EPS 也是 CorelDraw 等软件支持的一种格式。

### 7. PDF 格式

PDF 格式可以被 Adobe Acrobat 软件支持，Adobe Acrobat 是 Adobe 公司用于 Windows、MacOS、UNIX 和 DOS 操作系统中的一种电子出版软件。PDF 文件可以包含矢量图形和位图图形，还可以包含电子文档的查找和导航功能，如电子链接等。

PDF 格式支持 RGB、索引色、CMYK、灰度、位图和 Lab 等颜色模式，但不支持 Alpha 通道。PDF 格式支持 JPEG 和 ZIP 压缩，但位图模式文件除外。位图模式文件在存储为 PDF 格式时采用 CCITT Group4 压缩。在 Photoshop 中打开其他应用程序创建的 PDF 文件时，Photoshop 会对文件进行栅格化。

### 8. PCX 格式

PCX 格式普遍用于 IBM PC 兼容计算机。大多数 PC 软件支持 PCX 格式版本 5，版本 3

文件采用标准 VGA 调色板，该版本不支持自定义调色板。

PCX 格式可以支持 DOS 和 Windows 系统绘图的图像格式。PCX 格式支持 RGB、索引色、灰度和位图颜色模式，不支持 Alpha 通道。PCX 支持 RLE 压缩方式，支持位深度为 1、4、8 或 24 的图像。

### 9. PNG 格式

现在有越来越多的程序设计人员倾向于以 PNG 格式替代 GIF 格式。像 GIF 一样，PNG 也使用无损压缩方式来减小文件的尺寸。越来越多的软件开始支持这一格式，有可能不久的将来它会在整个 Web 上流行。

PNG 图像可以是灰阶的(位深可达 16bit)或彩色的(位深可达 48bit)，为缩小文件尺寸，它还可以是 8bit 的索引色。PNG 使用新的高速的交替显示方案，可以迅速地显示，只要下载 1/64 的图像信息就可以显示出低分辨率的预览图像。与 GIF 不同，PNG 格式不支持动画。

## 5.4 文件的相关操作

本节将讲解在 Photoshop CC 中新建文档、打开文档、保存文档、关闭文档的方法。

### 5.4.1 新建空白文档

新建 Photoshop 空白文档的具体操作步骤如下。

(1) 在菜单栏中选择【文件】|【新建】命令，打开【新建】对话框，将【宽度】和【高度】均设置为 500 像素，【分辨率】设置为 72 像素/英寸，【颜色模式】设置为 RGB 颜色、8 位，【背景内容】设置为白色，如图 5-45 所示。

(2) 设置完成后，单击【确定】按钮，即可新建空白文档，如图 5-46 所示。

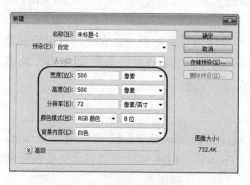

图 5-45 【新建】对话框

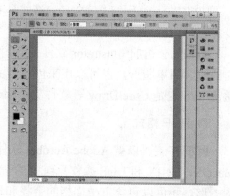

图 5-46 空白文档

### 5.4.2 打开文档

下面介绍打开文档的具体操作步骤。

(1) 按 Ctrl+O 快捷键，弹出【打开】对话框，选择"素材\Cha05\图片 1.jpg"素材文件，如图 5-47 所示。

(2) 单击【打开】按钮，或按 Enter 键，或双击鼠标，即可打开选择的素材图像，如图 5-48 所示。

> **提示**
>
> 在菜单栏中选择【文件】|【打开】命令，如图 5-49 所示，或在工作区域双击鼠标左键都可以打开【打开】对话框。

图 5-47　【打开】对话框　　　　图 5-48　素材图像　　　　图 5-49　选择【打开】命令

## 5.4.3　保存文档

保存文档的具体操作步骤如下。

(1) 继续上一节的操作，在菜单栏中选择【图像】|【调整】|【亮度/对比度】命令，打开【亮度/对比度】对话框，勾选【使用旧版】复选框，将【亮度】、【对比度】分别设置为-15、6，单击【确定】按钮，如图 5-50 所示。

(2) 在菜单栏中选择【文件】|【存储为】命令，如图 5-51 所示。

图 5-50　设置【亮度/对比度】参数　　　　图 5-51　选择【存储为】命令

(3) 在弹出的【另存为】对话框中设置保存路径、文件名以及保存类型，如图 5-52 所示，单击【保存】按钮。

(4) 在弹出的【JPEG 选项】对话框中将【品质】设置为 12，单击【确定】按钮，如图 5-53 所示。

图 5-52 【另存为】对话框

图 5-53 设置【JPEG 选项】参数

**提示**

如果用户不希望在原图像上进行保存，可在【文件】菜单中选择【存储为】选项，或按 Shift+Ctrl+S 快捷键打开【另存为】对话框。

## 5.4.4 关闭文档

关闭文档的方法如下。

◎ 单击【关闭】按钮 ✖，即可关闭当前文档，如图 5-54 所示。

◎ 在菜单栏中选择【文件】|【关闭】命令，可关闭当前文档。

◎ 按 Ctrl+W 快捷键可快速关闭当前文档。

图 5-54 关闭文档

## 5.5 图像的窗口操作

在 Photoshop 中处理图像时，会频繁地在图像的整体和局部之间来回切换，通过对局部的修改来达到最终的效果。下面讲解图像的窗口操作。

### 5.5.1 调整还原窗口设置

在 Photoshop CC 中，当图像编辑窗口处于最大化或者最小化的状态时，用户可以单击标题栏右侧的【恢复】按钮来恢复窗口，如图 5-55 所示。

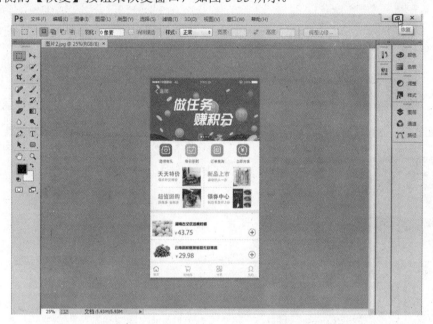

图 5-55　单击【恢复】按钮

### 5.5.2 展开/折叠面板设置

在 Photoshop CC 中，面板的作用是设置颜色、工具参数，以及执行编辑命令。Photoshop CC 中包含 20 多个面板，用户可以在【窗口】菜单中选择需要的面板并将其打开。单击面板组右上角的双三角形按钮，可以将面板展开，再次单击双三角形按钮，可将其折叠回面板组。

将鼠标指针移至控制面板上方的灰色区域内，单击鼠标右键，弹出快捷菜单，选择【展开面板】命令，如图 1-56 所示。执行操作后，即可在图像编辑窗口中展开控制面板，如图 5-57 所示。

将鼠标指针移至控制面板上方的灰色区域，单击鼠标右键，弹出快捷菜单，选择【折叠为图标】命令，如图 1-58 所示。执行操作后，即可将面板折叠为图标，如图 5-59 所示。

图 5-56 选择【展开面板】命令

图 5-57 展开面板后的效果

图 5-58 选择【折叠为图标】命令

图 5-59 折叠为图标后的效果

## 5.5.3 移动面板

在 Photoshop CC 中，为使图像编辑窗口的显示更有利于操作，可以将面板移动至任意位置。将鼠标指针移动至【图层】面板的上方，如图 5-60 所示，按住鼠标左键的同时将其拖曳至合适位置，释放鼠标左键后，即可移动【图层】面板，如图 5-61 所示。

图 5-60　将鼠标指针移动至【图层】面板的上方　　　　图 5-61　移动【图层】面板

## 5.5.4　图像编辑窗口排列设置

当打开多个图像文件时，每次只能显示一个图像编辑窗口内的图像。若用户需要对多个窗口中的内容进行比较，可以选择【窗口】|【排列】命令，如图 5-62 所示，将各个窗口以水平平铺、浮动、层叠和选项卡等方式进行排列。

当用户需要对窗口进行适当的布置时，可以将鼠标指针移动至窗口的标题栏上，按住鼠标左键的同时进行拖曳，即可将图像窗口拖动到屏幕的任意位置。

选择【窗口】|【排列】|【平铺】命令，即可平铺窗口中的图像，如图 5-63 所示。选择【窗口】|【排列】|【在窗口中浮动】命令，即可使当前编辑窗口浮动排列，如图 5-64 所示。选择【窗口】|【排列】|【使所有内容在窗口中浮动】命令，即可使所有窗口都浮动排列，如图 5-65 所示。

图 5-62　选择【窗口】|【排列】命令　　　　图 5-63　平铺窗口中的图像

75

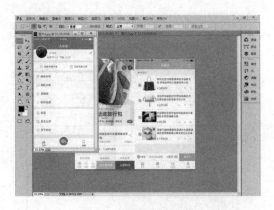

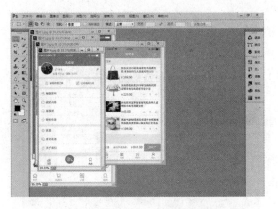

图 5-64　在窗口中浮动　　　　　　　　图 5-65　使所有内容在窗口中浮动

选择【窗口】|【排列】|【将所有内容合并到选项卡中】命令，即可以选项卡的方式排列图像窗口，如图 5-66 所示。

在平铺排列模式中调整某个图像的缩放比例后，选择【窗口】|【排列】|【匹配缩放】命令，即可以匹配缩放方式排列图片，如图 5-67 所示。

图 5-66　将所有内容合并到选项卡中　　　　　　　图 5-67　匹配缩放

在平铺排列模式中调整某个图像的位置后，选择【窗口】|【排列】|【匹配位置】命令，即可以匹配位置方式排列图片，如图 5-68 所示。

图 5-68　匹配位置

### 5.5.5　图像编辑窗口大小调整

在 Photoshop CC 中，如果用户在处理图像的过程中，需要把图像放在合适的位置，就要调整图像编辑窗口的大小和位置。将鼠标指针移动至图像编辑窗口的标题栏上，按住鼠标左键的同时将其拖曳至合适位置，即可移动窗口的位置，如图 5-69 所示。将鼠标指针移动至图像窗口的右下角，当鼠标指针呈现双箭头形状时，按住鼠标左键的同时拖曳，即可等比例缩放窗口，如图 5-70 所示。

图 5-69　移动窗口的位置　　　　　　　　　图 5-70　等比例缩放窗口

## 5.6　图像设计的辅助操作

辅助工具的主要作用是用来辅助操作，通过使用辅助工具可以提高操作的精确程度，提高工作效率。在 Photoshop 中，可以利用标尺、网格和参考线等工具来完成辅助操作。

### 5.6.1　显示/隐藏图像中的网格

在 Photoshop CC 中，网格是由水平和垂直线组成的，常用来协助绘制图像时对齐窗口中的任意对象，用户可以根据需要，显示网格或隐藏网格。

在菜单栏中选择【文件】|【打开】命令，打开"素材\Cha05\图片 5.jpg"素材文件，选择【视图】|【显示】|【网格】命令，如图 5-71 所示。此时即可显示网格，如图 5-72 所示。在菜单栏中选择【视图】|【显示】|【网格】命令，即可隐藏网格，如图 5-73 所示。

图 5-71　选择【网格】命令　　　　图 5-72　显示网格　　　　图 5-73　隐藏网格

### 【实例 5-2】对图像进行自动对齐网格操作

网格对于对称地布置对象非常有用，用户在 Photoshop CC 中编辑移动图像时，可以对图像进行自动对齐网格操作。

(1) 打开"素材\Cha05\图片 5.jpg"素材文件，选择【视图】| 【显示】|【网格】命令，显示网格，选择工具箱中的【裁剪工具】，按住鼠标左键并拖曳创建裁剪框，如图 5-74 所示。

(2) 执行操作后，按 Enter 键进行确认，即可对齐网格裁剪图像区域，如图 5-75 所示。

(3) 在菜单栏中选择【视图】|【显示】|【网格】命令，隐藏网格，如图 5-76 所示。

【实例 5-2】对图像进行自动
对齐网格操作.mp4

图 5-74　创建裁剪框　　　　图 5-75　对齐网格裁剪图像区域　　　　图 5-76　隐藏网格

## 5.6.2　调整网格属性

默认情况下网格为线的形状，用户也可以让其显示为点状，或者修改网格的大小和颜色。在菜单栏中选择【编辑】|【首选项】|【参考线、网格和切片】命令，弹出【首选项】

对话框，在【网格】选项区中，单击【颜色】右侧的下拉按钮，在弹出的下拉列表中选择设置网格的颜色，如图 5-77 所示。单击右侧的【颜色】色块，即可弹出【拾色器(智能参考线颜色)】对话框，如图 5-78 所示，可设置网格的颜色。

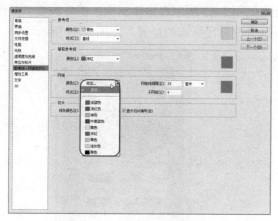

图 5-77 【颜色】列表框

图 5-78 【拾色器(智能参考线颜色)】对话框

## 【实例 5-3】显示/隐藏图像中的标尺

利用标尺可以精确地定位图像中的某一点以及创建参考线。

(1) 打开 "素材\Cha05\图片 6.jpg" 素材文件，在菜单栏中选择【视图】|【标尺】命令，如图 5-79 所示。

(2) 显示标尺后的效果如图 5-80 所示。

(3) 再次选择【视图】|【标尺】命令，即可隐藏标尺，如图 5-81 所示。

【实例 5-3】显示/隐藏图像中的标尺.mp4

图 5-79 选择【标尺】命令

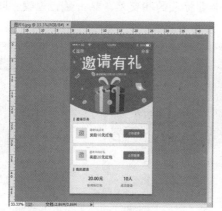

图 5-80 显示标尺

图 5-81 隐藏标尺

> **提示**
>
> 按 Ctrl+R 组合键也可以打开标尺。

### 5.6.3 更改图像中标尺原点的位置

在 Photoshop CC 中编辑图像时，用户可以根据需要来更改标尺的原点。显示标尺，移动鼠标指针至水平标尺和垂直标尺的相交处，如图 5-82 所示，按住鼠标左键并拖曳至图像编辑窗口中的合适位置，释放鼠标左键，即可更改标尺原点的位置，如图 5-83 所示。

图 5-82　移动鼠标指针　　　　　　图 5-83　更改标尺原点的位置

### 5.6.4 还原图像中标尺原点的位置

在设计图像的过程中，用户更改标尺原点后，根据需要还可以还原标尺原点的位置。

(1) 打开"素材\Cha05\图片 6.jpg"素材文件，按 Ctrl+R 组合键打开标尺，移动鼠标指针至水平标尺与垂直标尺的相交处，按住鼠标左键并拖曳至图像编辑窗口中的合适位置，如图 5-84 所示。

(2) 释放鼠标左键，即可更改标尺原点的位置，如图 5-85 所示。

(3) 移动鼠标指针至水平标尺与垂直标尺的相交处，双击鼠标左键，即可还原标尺原点的位置，如图 5-86 所示。

图 5-84　移动标尺原点的位置　　　图 5-85　更改标尺原点的位置　　　图 5-86　还原标尺原点的位置

## 5.6.5 更改图像中的标尺单位

在 Photoshop CC 中，【标尺】的单位包括像素、英寸、厘米、毫米、点、派卡、百分百。在菜单栏中选择【编辑】|【首选项】|【单位与标尺】命令，如图 5-87 所示，弹出【首选项】对话框，在【单位】选项区中，单击【标尺】右侧的下拉按钮，在弹出的下拉列表中选择标尺的单位，如图 5-88 所示，单击【确定】按钮，即可更改标尺的单位。

图 5-87 选择【单位与标尺】命令

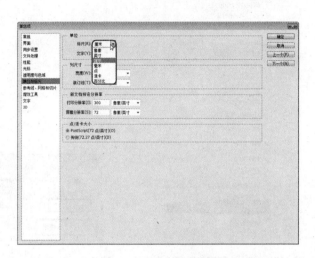

图 5-88 选择标尺的单位

## 5.6.6 拖曳创建图像参考线

参考线主要用于协助对象的对齐和定位操作，它浮在整个图像上并且不能被打印。参考线与网格一样，也可用于对齐对象，但是它比网格更方便，用户可以将参考线创建在图像的任意位置。

显示标尺，移动鼠标指针至水平标尺上，按住鼠标左键的同时，向下拖曳鼠标指针至图像编辑窗口中的合适位置，释放鼠标左键，即可创建水平参考线，如图 5-89 所示。

图 5-89 创建水平参考线

> **提示**
>
> 拖曳参考线时，按住 Alt 键可以在垂直和水平参考线之间切换。

### 【实例 5-4】准确创建图像参考线

在 Photoshop CC 中，用户可以根据需要创建新的参考线，对图像进行更精确的操作。

(1) 打开"素材\Cha05\图片 7.jpg"素材文件，在菜单栏

【实例 5-4】准确创建图像
参考线.mp4

中选择【视图】|【新建参考线】命令，如图 5-90 所示。

　　(2) 弹出【新建参考线】对话框，选中【垂直】单选按钮，将【位置】设置为 4 厘米，单击【确定】按钮，如图 5-91 所示。

　　(3) 完成操作后，即可创建垂直参考线，如图 5-92 所示。

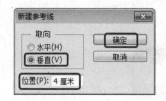

图 5-90　选择【新建参考线】命令　　图 5-91　【新建参考线】对话框　　图 5-92　创建垂直参考线

　　(4) 在菜单栏中选择【视图】|【新建参考线】命令，弹出【新建参考线】对话框，选中【水平】单选按钮，将【位置】设置为 8 厘米，单击【确定】按钮，如图 5-93 所示。

　　(5) 完成操作后，即可创建水平参考线，如图 5-94 所示。

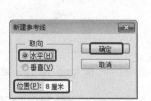

图 5-93　新建参考线　　　　　　　　图 5-94　创建水平参考线

## 5.6.7　显示/隐藏图像中的参考线

　　在 Photoshop CC 中设计图像时，可以建立多条参考线，设计者可以根据需要对参考线进行隐藏或显示的操作。

　　在菜单栏中选择【视图】|【显示】|【参考线】命令，如图 5-95 所示。即可显示参考线，如图 5-96 所示。再次选择【视图】|【显示】|【参考线】命令，即可隐藏参考线，如图 5-97 所示。

图 5-95　选择【参考线】命令

图 5-96　显示参考线

图 5-97　隐藏参考线

## 5.6.8　更改图像中参考线的颜色

　　在 Photoshop CC 中，默认情况下，参考线的颜色为青色，用户可以根据需要将参考线更改为其他颜色。选择【编辑】|【首选项】|【参考线、网格和切片】命令，弹出【首选项】对话框，在【参考线】选项区中，单击【颜色】右侧的下拉按钮，在下拉列表中选择相应选项，如图 5-98 所示，单击【确定】按钮，即可更改参考线的颜色。

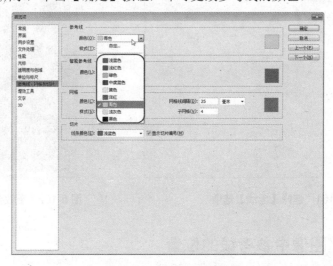

图 5-98　选择相应选项

　　在【首选项】对话框中，单击【参考线】选项区右侧的颜色色块，即可弹出【拾色器(参考线颜色)】对话框，设置 RGB 参数为 129、74、255，单击【确定】按钮，如图 5-99 所示，即可为参考线设置自定义颜色，如图 5-100 所示。

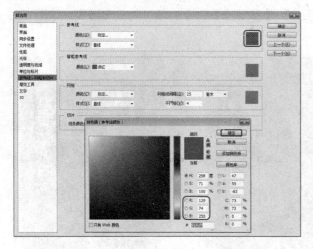

图 5-99  设置颜色　　　　　　　　　　　　　　　　图 5-100  更改颜色后的参考线样式

## 5.6.9  更改图像中参考线的样式

在 Photoshop CC 中，默认情况下，参考线为直线，用户可以根据需要将参考线更改为其他线型。

在【首选项】对话框中，单击【样式】右侧的下拉按钮，在弹出的下拉列表中选择【虚线】选项，如图 5-101 所示，单击【确定】按钮，即可以虚线显示参考线，如图 5-102 所示。

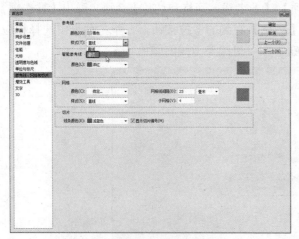

图 5-101  选择【虚线】选项　　　　　　　　　　　　图 5-102  更改参考线的样式

## 5.6.10  调整图像中参考线的位置

在 Photoshop CC 中，用户可以根据需要，将参考线移动至图像编辑窗口中的合适位置。选择工具箱中的【移动工具】，移动鼠标指针至图像编辑窗口中的参考线上，如图 5-103

所示，按住鼠标左键并拖曳至合适位置，释放鼠标左键，即可移动参考线，如图 5-104 所示。

图 5-103　将鼠标指针移动至参考线上　　　　　　图 5-104　移动参考线

## 5.6.11　清除图像中的参考线

在 Photoshop CC 中，利用参考线处理完图像后，可以根据需要，把多余的参考线删除。

选择工具箱中的【移动工具】，移动鼠标指针至图像编辑窗口中需要删除的参考线上，按住鼠标左键不放的同时，拖动鼠标指针至图像编辑窗口以外的位置，如图 5-105 所示，释放鼠标即可删除参考线。在菜单栏中选择【视图】|【清除参考线】命令，即可清除全部参考线，如图 5-106 所示。

图 5-105　拖动鼠标指针至图像编辑窗口以外的位置　　　图 5-106　选择【清除参考线】命令

## 5.6.12　为图像创建注释

注释工具是用来协助制作图像的，当用户完成一部分的图像处理后，若需要让其他用户帮忙处理另一部分的工作时，可以在图像上需要处理的部分添加注释，内容可以是用户所需要的处理效果,当其他用户打开图像时看到添加的注释,就知道该如何处理该图像了。

(1) 打开 "素材\Cha05\图片 7.jpg" 素材文件,在工具箱中选择【注释工具】 ⬚,如图 5-107 所示。

(2) 移动鼠标指针至图像编辑窗口中的时间位置上,单击鼠标左键,弹出【注释】面板,如图 5-108 所示。

(3) 在【注释】文本框中输入说明文字 Time,即可创建注释,此时在素材图像中会显示注释标记,如图 5-109 所示。

图 5-107　选择【注释工具】

图 5-108　【注释】面板

图 5-109　输入说明文字

(4) 移动鼠标指针至图像编辑窗口中的日期部分,单击鼠标左键,弹出【注释】面板,在【注释】文本框中输入说明文字 Date,如图 5-110 所示。

(5) 单击【注释】面板左下角的左右方向按钮,即可切换注释,如图 5-111 所示。

图 5-110　输入说明文字

图 5-111　切换注释

## 5.6.13　更改图像中注释的颜色

在 Photoshop CC 中,默认情况下,注释的颜色为黄色,用户可以根据需要将注释更改为其他颜色。激活注释后,在工具选项栏中单击【颜色】色块,如图 5-112 所示。弹出【拾色器(注释颜色)】对话框,设置颜色,如图 5-113 所示。单击【确定】按钮,即可更改注释的颜色，如图 5-114 所示。

图 5-112 单击【颜色】色块

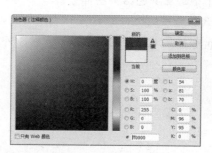

图 5-113 设置颜色

图 5-114 更改注释的颜色

## 【实例 5-5】运用对齐工具对齐图像

在 Photoshop CC 中，若正在编辑的图像排列不整齐，用户可使用顶对齐按钮，使正在编辑的图像快速以顶端对齐的方式排列显示。

(1) 打开"素材\Cha05\手机.psd"素材文件，在【图层】面板中选择【手机1】、【手机2】图层，如图 5-115 所示。

【实例 5-5】运用对齐工具对齐图像.mp4

图 5-115 选择图层

(2) 在工具箱中选择【移动工具】 ，在工具选项栏中单击【顶对齐】按钮 ，如图 5-116 所示。

(3) 执行操作后，即可以顶对齐方式排列显示图像，如图 5-117 所示。

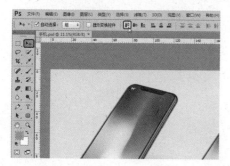

图 5-116 单击【顶对齐】按钮

图 5-117 以顶对齐方式排列显示图像

## 习 题

1. Photoshop 的操作界面主要包括哪些部分？
2. 分辨率指的是什么？
3. 写出在 Photoshop 中打开文件的两种方法。

第  章

# UI 的色彩与风格设计

**基础知识** ◆ 色相区分、明度标准、色彩饱和度
◆ 图像的颜色分布

**重点知识** ◆ 调整 UI 的自然饱和度
◆ 调整 UI 的匹配颜色

**提高知识** ◆ 反相、去色
◆ 【阴影/高光】、【黑白】

**本章导读**

　　移动 UI 设计由色彩、图像、文案三大要素构成。调整色彩是移动 UI 设计中一项非常重要的内容，图像和文案都离不开色彩的表现。本章将介绍 UI 的色彩与风格设计的操作方法。

## 6.1 图像的颜色属性

颜色可以修饰图像，使图像更加绚丽多彩。不同的颜色能表达不同的情感和思想，正确地运用颜色，能使黯淡的图像明亮，使毫无生气的图像充满活力。颜色的三要素为色相、饱和度和亮度，这三种要素以人类对颜色的感觉为基础，构成人类视觉中完整的颜色表象。

### 6.1.1 色相区分

在设计图像时，首先应了解图像的色相属性。色相(Hue，简写为 H)是颜色的三要素之一，即色彩相貌，也就是每种颜色的固有颜色表相，是每种颜色相互区别的最显著特征。

在通常的使用中，颜色的名称就是由其色相来决定的，例如红色、橙色、蓝色、黄色、绿色。赤、橙、黄、绿、蓝、紫是 6 种基本色相，将这些色相混合可以产生许多不同色相的颜色。

色轮是研究颜色相加混合的颜色表，通过色轮可以展现各种色相之间的关系，如图 6-1 所示。

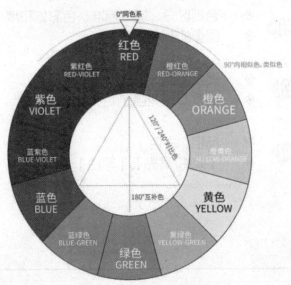

图 6-1　色轮

除了以颜色固有的色相来命名颜色外，还经常以植物所具有的颜色命名(如青绿)，以动物所具有的颜色命名(如鸽子灰)，以及以颜色的深浅和明暗命名(如暗红)。

### 6.1.2 明度标准

图像的亮度(Value，简写为 V，又被称为"明度")是指图像中颜色的明暗程度，通常使用 0%～100%的百分比来度量。在正常强度的光线照射下的色相，被定义为"标准色相"。

亮度高于标准色相的，被称为该色相的"高光"，反之被称为该色相的"阴影"。

在移动 UI 设计中，不同亮度的颜色给人的视觉感受各不相同，高亮度颜色给人以明亮、纯净、唯美等感觉，如图 6-2 所示；中亮度颜色给人以朴素、稳重、亲和等感觉；低亮度颜色则让人感觉压抑、沉重、神秘，如图 6-3 所示。

图 6-2　高亮度颜色

图 6-3　低亮度颜色

## 6.1.3　色彩饱和度

图像的饱和度(Chroma，简写为 C，又被称为"彩度")是指颜色的强度或纯度，它表示色相中颜色本身色素分量所占的比例，使用 0%～100% 的百分比来度量。在标准色轮上，饱和度从中心到边缘逐渐递增，颜色的饱和度越高，其鲜艳程度也就越高。

在移动 UI 设计中，不同饱和度的颜色会给人带来不同的视觉感受。高饱和度的颜色给人以积极、冲动、活泼、有生气、喜庆的感觉，如图 6-4 所示；低饱和度的颜色给人以消极、无力、安静、沉稳、厚重的感觉，如图 6-5 所示。

图 6-4　高饱和度颜色

图 6-5　低饱和度颜色

## 6.1.4　查看图像的颜色分布

通过【信息】面板和【直方图】面板可以查看图像的基本信息和色调。

### 1. 使用【直方图】面板查看颜色分布

在菜单栏中选择【窗口】|【直方图】命令，即可打开【直方图】面板，如图 6-6 所示。

在【直方图】面板中，单击右上角的三角按钮，在弹出的下拉菜单中可以更改直方图的显示方式，下拉菜单如图 6-7 所示。

该下拉菜单中各个命令的讲解如下。

◎ 【紧凑视图】：该命令是默认的显示方式。它显示的是不带统计数据或控件的直方图。

◎ 【扩展视图】：选择该命令显示带有统计数据和控件的直方图，如图 6-8 所示。

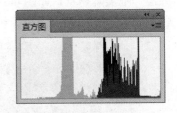

图 6-6　【直方图】面板

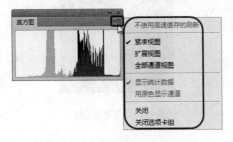

图 6-7　【直方图】面板菜单

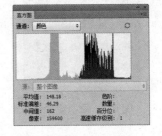

图 6-8　【扩展视图】显示方式

◎ 【全部通道视图】：选择该命令显示带有统计数据和控件的直方图，同时还显示每一个通道的单个直方图(不包括 Alpha 通道、专色通道和蒙版)，如图 6-9 所示。如果选择面板菜单中的【用原色显示通道】命令，则可以用原色显示通道直方图，如图 6-10 所示。

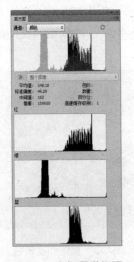

图 6-9　全部通道视图

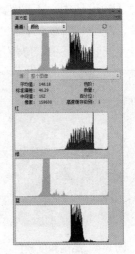

图 6-10　用原色显示通道

有关像素亮度值的统计信息出现在【直方图】面板的中间位置，如果要取消显示有关像素亮度值的统计信息，可以从面板菜单中取消选择【显示统计数据】命令，如图 6-11 所示。统计信息包括以下几项。

◎ 【平均值】：表示平均亮度值。

◎ 【标准偏差】：表示亮度值的变化范围。

◎ 【中间值】：显示亮度值范围内的中间值。

◎　【像素】：表示用于计算直方图的像素总数。

◎　【高速缓存级别】：显示当前用于创建直方图的图像高速缓存。

◎　【数量】：表示相当于指针下面亮度级别的像素总数。

◎　【百分位】：显示指针所指的级别或该级别以下的像素累计数。该值表示图像中所有像素的百分数，从最左侧的 0% 到最右侧的 100%。

◎　【色阶】：显示指针下面的区域的亮度级别。

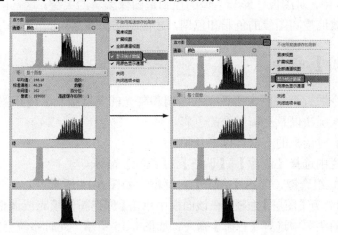

图 6-11　选择和取消选择【显示统计数据】命令的不同

选择【全部通道视图】时，除了显示【扩展视图】中的所有选项以外，还显示通道的单个直方图。单个直方图不包括 Alpha 通道、专色通道和蒙版。

### 2. 使用【信息】面板查看颜色分布

使用【信息】面板查看图像颜色分布的具体操作步骤如下。

(1) 打开"素材\Cha06\图片 1.jpg"素材文件，如图 6-12 所示。

(2) 在菜单栏中选择【窗口】|【信息】命令，在弹出的【信息】面板中可查看图形颜色的分布状况，如图 6-13 所示。

图 6-12　素材文件

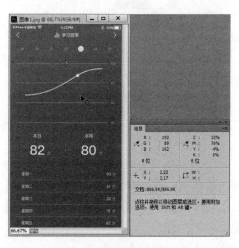

图 6-13　【信息】面板

---

**提示**

在图像中将鼠标指针移动到不同的位置，则【信息】面板中显示的基本信息不同。

---

## 6.2 调整图像的影调

在 Photoshop 中，对图像色彩和色调的控制是图像编辑的关键，这直接关系到图像最后的效果，只有有效地控制图像的色彩和色调，才能制作出高品质的图像。

### 6.2.1 【色阶】命令

【色阶】命令通过调整图像暗调、灰色调和高光的亮度级别来校正图像的影调，包括反差、明暗和图像层次以及平衡图像的色彩。

打开【色阶】对话框的方法有以下几种。

◎ 在菜单栏中选择【图像】|【调整】|【色阶】命令。

◎ 按 Ctrl+L 组合键，弹出【色阶】对话框，如图 6-14 所示。

◎ 按 F7 键打开【图层】面板，在该面板中单击【创建新的填充或调整图层】按钮 ●,，在弹出的菜单中选择【色阶】命令，如图 6-15 所示，此时系统会自动打开【属性】面板，可在该面板中设置色阶参数。

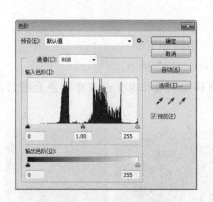

图 6-14 【色阶】对话框

图 6-15 选择【色阶】命令

【色阶】对话框中各个选项的讲解如下。

(1) 【通道】下拉列表框。

利用此下拉列表框，可以在整个颜色范围内对图像进行色调调整，也可以单独编辑特定颜色的色调。若要同时编辑一组颜色通道，在选择【色阶】命令之前应按住 Shift 键在【通道】面板中选择这些通道。之后，【通道】下拉列表框会显示目标通道的缩写，例如 CM 代表青色和洋红。

(2) 【输入色阶】参数框。

在【输入色阶】参数框中，可以分别调整暗调、中间调和高光的亮度级别来修改图像的色调范围，以提高或降低图像的对比度。

◇ 可以在【输入色阶】参数框中输入目标值，这种方法比较精确，但直观性不好。

◇ 以输入色阶直方图为参考，拖动 3 个【输入色阶】滑块可使色调的调整更为直观。

◇ 向右拖动最左边的黑色滑块(阴影滑块)可以增大图像的暗调范围，使图像变得更暗。同时拖曳的程度会在【输入色阶】最左边的方框中得到量化，如图 6-16 所示。

◇ 向左拖动最右边的白色滑块(高光滑块)可以增大图像的高光范围，使图像变亮。高光的范围会在【输入色阶】最右边的方框中显示，如图 6-17 所示。

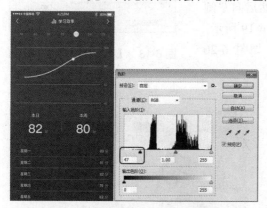

图 6-16  增大图像的暗调范围        图 6-17  增大图像的高光范围

◇ 左右拖动中间的灰色滑块(中间调滑块)可以增大或减小中间色调范围，从而改变图像的对比度。其作用与在【输入色阶】中间方框中输入数值相同。

(3) 【输出色阶】参数框。

【输出色阶】参数框中只有暗调滑块和高光滑块，通过拖动滑块或在方框中输入目标值，可以降低图像的对比度。

具体来说，向右拖动暗调滑块，【输出色阶】左边方框中的值会相应增加，但此时图像却会变亮；向左拖动高光滑块，【输出色阶】右边方框中的值会相应减小，但图像却会变暗。这是因为在输出时 Photoshop 的处理过程是这样的：比如将第一个方框的值设置为 10，则表示输出图像会以在输入图像中色调值为 10 的像素的暗度为最低暗度，所以图像会变亮；将第二个方框的值设置为 245，则表示输出图像会以在输入图像中色调值为 245 的像素的亮度为最高亮度，所以图像会变暗。

总而言之，【输入色阶】参数的调整是用来增加对比度的，而【输出色阶】参数的调整则是用来减少对比度的。

(4) 吸管工具。

吸管工具共有三个，即【图像中取样以设置黑场】、【图像中取样以设置灰场】、【图像中取样以设置白场】，它们分别用于设置图像中的黑场、灰场和白场。使用设置黑场吸管在图像中的某点颜色上单击，该点就成为图像中的黑色，该点与原来黑色色调范围内的颜色都将变为黑色，该点与原来白色色调范围内的颜色都会降低亮度。使用设置白场吸管,实现的效果则正好与设置黑场吸管相反。使用设置灰场吸管可以完成图像中的灰度设置。

(5) 【自动】按钮。

单击【自动】按钮可将高光和暗调滑块自动移动到最亮点和最暗点。

## 6.2.2 【亮度/对比度】命令

【亮度/对比度】命令可以对图像的色调范围进行简单的调整。在菜单栏中选择【图像】|【调整】|【亮度/对比度】命令,会弹出【亮度/对比度】对话框,如图 6-18 所示。

在该对话框中勾选【使用旧版】复选框,然后向左侧拖动滑块可以降低图像的亮度和对比度,如图 6-19 所示;向右侧拖动滑块则增加图像的亮度和对比度,如图 6-20 所示。

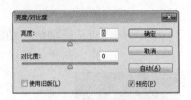

图 6-18　【亮度/对比度】对话框

图 6-19　降低图像的亮度和对比度

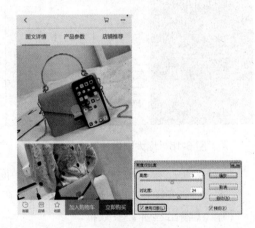

图 6-20　增加图像的亮度和对比度

> **提示**
>
> 【亮度/对比度】命令对每个像素进行相同程度的调整(即线性调整),有可能导致丢失图像细节,对于高端输出,最好使用【色阶】或【曲线】命令,这两个命令可以对图像中的像素按比例(非线性)调整。

### 【实例 6-1】调整 UI 的自然饱和度

使用【自然饱和度】命令调整饱和度,以便在图像颜色接近最大饱和度时,最大限度地减少修剪;操作方法如下,其效果如图 6-21 所示。

(1) 打开"素材\Cha06\自然饱和度.jpg"素材文件,如图 6-22 所示。

【实例 6-1】调整 UI 的自然饱和度.mp4

(2) 在菜单栏中选择【图像】|【调整】|【自然饱和度】命令,打开【自然饱和度】对话框,在该对话框中将【自然饱和度】设置为+100,将【饱和度】

设置为+50，如图 6-23 所示。

图 6-21　自然饱和度效果

图 6-22　素材文件

(3) 设置完成后单击【确定】按钮，即可完成调整。

图 6-23　【自然饱和度】对话框

## 【实例 6-2】调整 UI 的色相/饱和度

本例使用【色相/饱和度】命令来完成为 UI 更换颜色的制作，完成后的效果如图 6-24 所示。

(1) 启动 Photoshop CC 软件后，在菜单栏中选择【文件】|【打开】命令，打开"素材\Cha06\色相饱和度.jpg"素材文件，如图 6-25 所示。

(2) 在【图层】面板中，将【背景】图层拖曳至 按钮上，将【背景】图层进行复制，得到【背景 拷贝】图层，如图 6-26 所示。

【实例 6-2】调整 UI 的色相/饱和度.mp4

图 6-24　色相/饱和度效果　　　　图 6-25　素材文件

图 6-26　复制图层

(3) 在菜单栏中选择【图像】|【调整】|【色相/饱和度】命令，在弹出的【色相/饱和度】对话框中，将【色相】设置为+20、【饱和度】设置为+15、【明度】设置为+10，其他设置不变，如图 6-27 所示。

(4) 设置完成后单击【确定】按钮，即可完成调整。

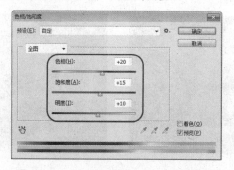

图 6-27　设置【色相/饱和度】参数

**知识链接：【色相/饱和度】对话框中各选项的介绍**

● 　【色相】：默认情况下，在【色相】文本框中输入数值，或者拖动滑块可以改变整个图像的色相，如图 6-28 所示。也可以单击【全图】选项，在弹出的下拉列表中选择一个特定的颜色，然后拖动色相滑块，单独调整该颜色的色相。如图 6-29 所示为单独调整红色色相的效果。

图 6-28　拖动滑块调整图像的色相

图 6-29　调整红色色相的效果

- 【饱和度】：向右侧拖动饱和度滑块可以增加饱和度，向左侧拖动滑块则减少饱和度。也可以单击【全图】选项，在弹出的下拉列表中选择一个特定的颜色，然后单独调整该颜色的饱和度。如图 6-30 所示为增加整个图像饱和度的调整结果，图 6-31 所示为单独减少红色饱和度的调整结果。

图 6-30　拖动滑块调整图像的饱和度

图 6-31　调整红色饱和度的效果

- 【明度】：向左侧拖动滑块可以降低亮度，如图 6-32 所示；向右侧拖动滑块可以增加亮度，如图 6-33 所示。单击【全图】选项，在下拉列表中选择【红色】，可以调整图像中红色部分的亮度。

- 【着色】：勾选该复选框，图像将转换为只有一种颜色的单色调图像，如图 6-34 所示。变为单色调图像后，可拖动色相滑块和其他滑块来调整图像的颜色，如图 6-35 所示。

- 【吸管工具】：如果在【编辑】下拉列表框中选择了一种颜色，可以使用【吸管工具】，在图像中单击来定位颜色范围，然后对该范围内的颜色进行更加细致的调整。如果要添加其他颜色，可以用【添加到取样】工具在相应的颜色区域单击；如果要减少颜色，可以用【从取样中减去】工具单击相应的颜色。

- 【颜色条】：对话框底部有两个颜色条，上面的颜色条代表调整前的颜色，下面的颜色条代表调整后的颜色。如果在【编辑】下拉列表框中选择了一种颜色，两个颜色条之间便会出现几个滑块，如图 6-36 所示。两个内部的垂直滑块定义了将要修改的颜色范围，调整所影响的区域会由此逐渐向两个外部的三角形滑块处衰减，三角形滑块以外的颜色不会受到影响，如图 6-37 所示。

图 6-32　拖曳滑块调整图像的亮度

图 6-33　调整红色亮度效果

图 6-34　单色调图像

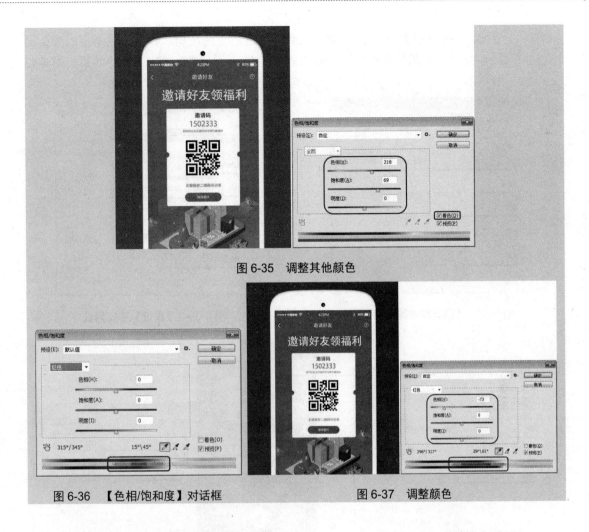

图 6-35　调整其他颜色

图 6-36　【色相/饱和度】对话框　　　　　　　　图 6-37　调整颜色

## 6.2.3　【通道混合器】命令

　　【通道混合器】命令可以通过混合图像中的现有(源)颜色通道来修改目标(输出)颜色通道，从而控制单个通道的颜色量。利用该命令可以创建高品质的灰度图像、棕褐色调图像或其他色调图像，也可以对图像进行创造性的颜色调整。在菜单栏中选择【图像】|【调整】|【通道混合器】命令，将打开【通道混合器】对话框，如图 6-38 所示。

　　【通道混合器】对话框中各个选项的介绍如下。

◎　【预设】：该下拉列表框中包含预设的调整文件，可以选择一个文件来自动调整图像，如图 6-39 所示。

◎　【输出通道】/【源通道】：在【输出通道】下拉列表框中选择要调整的通道，选择一个通道后，该通道的源通道会自动设置为 100%，其他通道则设置为 0%。例如，如果选择【蓝色】作为输出通道，则会将【源通道】中的蓝色滑块设置为 100%，红色和绿色滑块设置为 0%，如图 6-40 所示。选择一个通道后，拖动【源通道】选项组中的滑块，即可调整此输出通道中源通道所占的百分比。将一个源通道的滑块向左拖移时，可减小该通道在输出通道中所占的百分比；向右拖移则增加百分比；负值可以使源通道在被添加到输出通道之前反相。调整红色通道的效果如图 6-41 所示。调整绿色通道的效果如图 6-42 所示。调整蓝色通道的效果如图 6-43 所示。

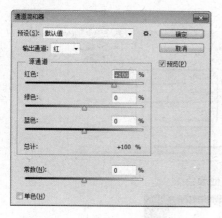

图 6-38　【通道混合器】对话框

图 6-39　【预设】下拉列表

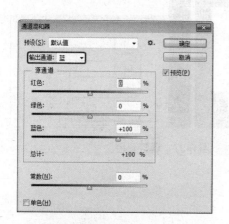

图 6-40　以【蓝色】作为输出通道

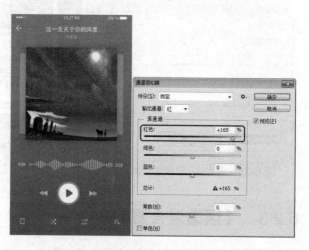

图 6-41　调整红色通道的效果

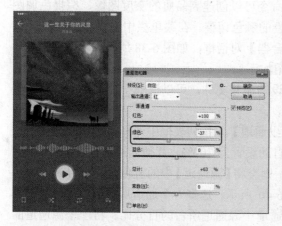

图 6-42　调整绿色通道的效果

图 6-43　调整蓝色通道的效果

◎ 【总计】：如果源通道的总计值高于 100%，则该选项的右侧会显示一个警告图标 ⚠️，如图 6-44 所示。

◎ 【常数】：该选项用来调整输出通道的灰度值。负值会增加更多的黑色，正值会增加更多的白色。-200% 会使输出通道成为全黑，如图 6-45 所示；+200% 会使输出通道成为全白，如图 6-46 所示。

◎ 【单色】：勾选该复选框，彩色图像将转换为黑白图像，如图 6-47 所示。

 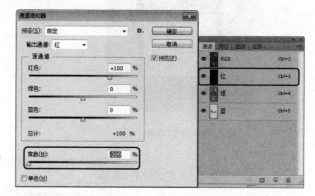

图 6-44 总计值高于 100%　　　　　　图 6-45 常数值为-200%

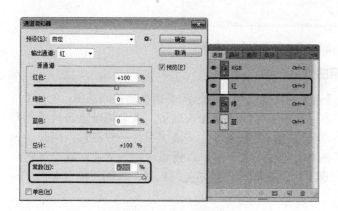 

图 6-46 常数值为+200%　　　　　　图 6-47 单色效果

## 【实例 6-3】调整 UI 的色彩平衡

【色彩平衡】命令可以更改图像的总体颜色，常用来进行普通的色彩校正。下面介绍使用【色彩平衡】调整图像总体颜色的操作方法，完成效果如图 6-48 所示。

(1) 打开"素材\Cha06\色彩平衡.jpg"素材文件，如图 6-49 所示。

【实例 6-3】调整 UI 的色彩平衡.mp4

(2) 在菜单栏中选择【图像】|【调整】|【色彩平衡】命令，打开【色彩平衡】对话框，在该对话框中将【色彩平衡】选项组中的【色阶】分别设置为+45、-60、+60，如图 6-50 所示。

(3) 设置完成后单击【确定】按钮，即可完成操作。

图 6-48　色彩平衡效果

图 6-49　素材文件

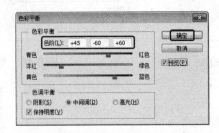

图 6-50　【色彩平衡】对话框

**知识链接：【色彩平衡】选项组的选项介绍**

　　在进行调整时，首先应在下面的【色彩平衡】选项组中选择要调整的色调范围，包括【阴影】、【中间调】和【高光】，然后在【色阶】文本框中输入数值，或者拖动上面的【色彩平衡】选项组内的滑块进行调整。当滑块靠近一种颜色时，将减少另外一种颜色。例如，如果将最上面的滑块移向【青色】，其他参数保持不变，可以在图像中增加青色，减少红色，如图 6-51 所示。如果将滑块移向【红色】，其他参数保持不变，则增加红色，减少青色，如图 6-52 所示。

图 6-51　增加青色、减少红色

图 6-52　增加红色、减少青色

将滑块移向【洋红】后的效果如图 6-53 所示。将滑块移向【绿色】后的效果如图 6-54 所示。

图 6-53　增加洋红、减少绿色

图 6-54　增加绿色、减少洋红

将滑块移向【黄色】后的效果如图 6-55 所示。将滑块移向【蓝色】后的效果如图 6-56 所示。

图 6-55　增加黄色、减少蓝色

图 6-56　增加蓝色、减少黄色

## 6.2.4　【照片滤镜】命令

【照片滤镜】命令通过模拟在相机镜头前面加装彩色滤镜来调整通过镜头传输的光的色彩平衡和色温，或者使胶片曝光，该命令还允许用户选择预设的颜色或者自定义的颜色调整图像的色相。调整操作方法如下。

(1) 打开"素材\Cha06\照片滤镜.jpg"素材文件，如图 6-57 所示。

(2) 在菜单栏中选择【图像】|【调整】|【照片滤镜】命令，在弹出的【照片滤镜】对话框中的【滤镜】下拉列表框中选择【深蓝】选项，将【浓度】设置为 75%，如图 6-58 所示。

(3) 设置完成后单击【确定】按钮，完成后的效果如图 6-59 所示。

图 6-57　素材文件　　　　图 6-58　【照片滤镜】对话框　　　图 6-59　完成后的效果

### 知识链接：【照片滤镜】对话框中各选项的介绍

- 【滤镜】：在该下拉列表框中可以选择要使用的滤镜。加温滤镜(85 和 LBA)及冷却滤镜(80 和 LBB)用于调整图像中的白平衡的颜色转换；加温滤镜(81)和冷却滤镜(82)使用光平衡滤镜来对图像的颜色品质进行细微调整；加温滤镜(81)可以使图像变暖(变黄)，冷却滤镜(82)可以使图像变冷(变蓝)；其他个别颜色的滤镜则根据所选颜色调整图像色相。
- 【颜色】：单击该选项右侧的颜色块，可以在打开的【拾色器】中自定义滤镜颜色。
- 【浓度】：可调整应用到图像中的颜色数量，该值越大，颜色的调整幅度就越大，如图 6-60、图 6-61 所示。

图 6-60　【浓度】为 30%时的图像

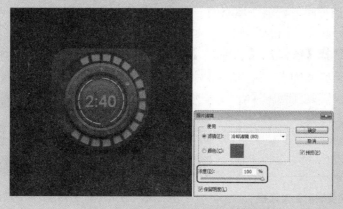

图 6-61　【浓度】为 100%的图像

● 【保留明度】：勾选该复选框，可以保持图像的亮度不变，如图 6-62 所示；未勾
选该复选框时，会由于增加滤镜的浓度而使图像变暗，如图 6-63 所示。

图 6-62　勾选【保留明度】复选框

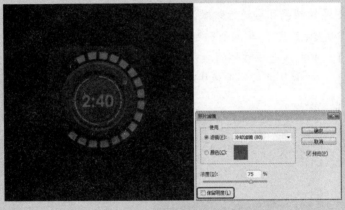

图 6-63　未勾选【保留明度】复选框

## 6.2.5　【渐变映射】命令

　　【渐变映射】命令可以将图像的色阶映射为一组渐变色的色阶。如指定双色渐变填充
时，图像中的暗调被映射到渐变填充的一个端点颜色，高光被映射到另一个端点颜色，中
间调被映射到两个端点之间的层次。

　　在菜单栏中选择【图像】|【调整】|【渐变映射】命令，即可打开【渐变映射】对话框
设置渐变颜色，如图 6-64 所示。应用【渐变映射】命令前后的效果对比如图 6-65 所示。

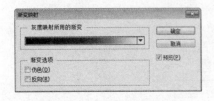

图 6-64　【渐变映射】对话框

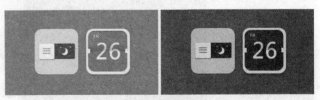

图 6-65　应用【渐变映射】命令前后的效果对比

**知识链接：【渐变映射】对话框中各选项的介绍**

- 【灰度映射所用的渐变】下拉列表框：从下拉列表框中选择一种渐变类型。默认情况下，图像的暗调、中间调和高光分别映射到渐变填充的起始(左端)颜色、中间点和结束(右端)颜色。
- 【仿色】复选框：通过添加随机杂色，可使渐变映射效果的过渡更为平滑。
- 【反向】复选框：颠倒渐变填充方向，以形成反向映射的效果。

## 6.2.6　【曲线】命令

【曲线】命令可以通过调整图像色彩曲线上的任意一个像素点来改变图像的色彩范围，其具体的操作方法如下。

(1) 打开"素材\Cha06\曲线.jpg"素材文件，如图 6-66 所示。

(2) 在菜单栏中选择【图像】|【调整】|【曲线】命令，打开【曲线】对话框，在该对话框中将【输出】设置为 140，将【输入】设置为 103，如图 6-67 所示。

图 6-66　素材文件

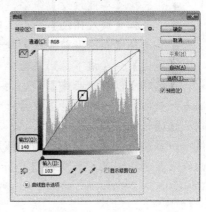

图 6-67　【曲线】对话框

(3) 设置完成后单击【确定】按钮，完成后的效果如图 6-68 所示。

图 6-68　完成后的效果

**知识链接：【曲线】对话框中各选项的介绍**

- 【预设】：该下拉列表框中包含 Photoshop 提供的预设文件，如图 6-69 所示。当选择【默认值】时，可通过拖动曲线来调整图像；选择其他选项时，则可以使用预设文件调整图像。

- 【预设选项】⚙: 单击该按钮，弹出一个下拉菜单，如图 6-70 所示。

 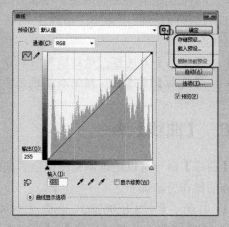

图 6-69　预设文件　　　　　　　　图 6-70　【预设选项】下拉菜单

- ◆ 选择【存储预设】命令，可以将当前的调整状态保存为一个预设文件。
- ◆ 选择【载入预设】命令，可以用载入的预设文件自动调整。
- ◆ 选择【删除当前预设】命令，则删除存储的预设文件。
- 【通道】: 在该下拉列表框中可以选择一个需要调整的通道。
- 【编辑点以修改曲线】〰: 按下该按钮后，在曲线中单击可添加新的控制点，拖动控制点改变曲线形状即可对图像做出调整。
- 【通过绘制来修改曲线】✎: 单击该按钮，可在对话框内绘制手绘效果的自由形状曲线，如图 6-71 所示。绘制自由曲线后，单击对话框中的【编辑点以修改曲线】〰按钮，可在曲线上显示控制点，如图 6-72 所示。

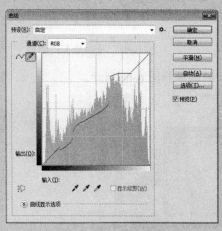

图 6-71　绘制曲线　　　　　　　　图 6-72　修改曲线

- 【平滑】按钮: 用【通过绘制来修改曲线】✎工具绘制曲线后，单击该按钮，可对曲线进行平滑处理。
- 【输入】色阶/【输出】色阶: 【输入】色阶显示了调整前的像素值，【输出】色阶显示了调整后的像素值。
- 【高光/中间调/阴影】: 拖动曲线顶部的点可以调整图像的高光区域；拖动曲线中

间的点可以调整图像的中间调；拖动曲线底部的点可以调整图像的阴影区域。

●　【黑场/灰点/白场】：这几个工具与【色阶】对话框中相应工具的作用相同，在此不再赘述。

●　【选项】按钮：单击该按钮，会弹出【自动颜色校正选项】对话框，如图 6-73 所示。自动颜色校正选项用来控制由【色阶】和【曲线】中的【自动颜色】、【自动色阶】、【自动对比度】和【自动】选项应用的色调和颜色校正，它允许指定阴影和高光剪切百分比，并为阴影、中间调和高光指定颜色值。

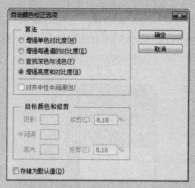

图 6-73　【自动颜色校正选项】对话框

## 6.2.7　【曝光度】命令

【曝光度】命令主要是为了调整高动态范围(HDR)图像的色调，可以用来控制图片色调强弱。

(1) 打开"素材\Cha06\曝光度.jpg"素材文件，如图 6-74 所示。

(2) 在菜单栏中选择【图像】|【调整】|【曝光度】命令，打开【曝光度】对话框，在该对话框中将【曝光度】设置为+0.5，【位移】设置为-0.003，【灰度系数校正】设置为1，如图 6-75 所示。

(3) 设置完成后单击【确定】按钮，设置曝光度后的效果如图 6-76 所示。

图 6-74　素材文件

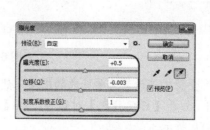

图 6-75　设置曝光度参数

图 6-76　完成后的效果

**知识链接：【曝光度】对话框中各选项的介绍**

- 【曝光度】：该选项用于调整色彩范围的高光度，对阴影的影响不大。
- 【位移】：调整该参数，可以使阴影和中间调变暗，对高光的影响不大。
- 【灰度系数校正】：通过设置该参数，来调整图像的灰度系数。

## 【实例 6-4】调整 UI 的匹配颜色

【匹配颜色】命令可以将一个图像(原图像)的颜色与另一个图像(目标图像)的颜色相匹配，该命令比较适合处理多个图片，以使它们的颜色保持一致。其效果如图 6-77 所示。

【实例 6-4】调整 UI
的匹配颜色.mp4

图 6-77　匹配颜色效果

(1) 打开"素材\Cha06\匹配颜色 1.jpg、匹配颜色 2.jpg"素材文件，如图 6-78、图 6-79 所示。

图 6-78　素材文件(1)

图 6-79　素材文件(2)

(2) 将"匹配颜色 1.jpg"素材文件设置为要修改的图层，然后在菜单栏中选择【图像】| 【调整】|【匹配颜色】命令，打开【匹配颜色】对话框，在【源】下拉列表框中选择【匹配颜色 2.jpg】文件，如图 6-80 所示。

(3) 设置完成后单击【确定】按钮，即可完成操作。

图 6-80　【匹配颜色】对话框

## 【实例 6-5】调整 UI 的可选颜色

【可选颜色】命令是高端扫描仪和分色程序使用的一种技术，用于在图像中的每个主要原色成分中更改印刷色的数量。使用【可选颜色】可以有选择性地修改主要颜色中的印刷色的数量，但不会影响其他主要颜色。例如，可以减少图像绿色图素中的青色，同时保留蓝色图素中的青色不变。其效果如图 6-81 所示。

【实例 6-5】调整 UI 的可选颜色.mp4

(1) 打开"素材\Cha06\可选颜色.jpg"素材文件，如图 6-82 所示。

图 6-81　可选颜色效果

图 6-82　素材文件

(2) 在菜单栏中选择【图像】|【调整】|【可选颜色】命令，打开【可选颜色】对话框，在该对话框中将【颜色】定义为【红色】，将【青色】、【洋红】、【黄色】、【黑色】分别设置为-64、+100、-41、+100，如图 6-83 所示。

(3) 设置完成后单击【确定】按钮,即可完成操作。

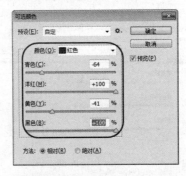

图 6-83 【可选颜色】对话框

**知识链接:【可选颜色】对话框中的选项介绍**

● 【颜色】:在该下拉列表框中可以选择要调整的颜色,选择一种颜色后,可拖动【青色】、【洋红】、【黄色】和【黑色】滑块来调整这四种印刷色的数量。向右拖动【青色】滑块时,颜色向青色转换,向左拖动时,颜色向红色转换;向右拖动【洋红】滑块时,颜色向洋红色转换,向左拖动时,颜色向绿色转换;向右拖动【黄色】滑块时,颜色向黄色转换,向左拖动时,颜色向蓝色转换;拖动【黑色】滑块可以增加或减少黑色。

● 【方法】:用来设置色值的调整方式。选择【相对】时,可按照总量的百分比修改现有的青色、洋红、黄色或黑色的含量。例如,如果从 50%的洋红像素开始添加 10%,结果为 55%的洋红(50%+50%×10%=55%)。选择【绝对】时,则采用绝对值调整颜色。例如,如果从 50%的洋红像素开始添加 10%,则结果为 60%洋红。

## 6.2.8 【反相】命令

选择【反相】命令,可以反转图像中的颜色,通道中每个像素的亮度值都会转换为 256级颜色值刻度上相反的值。例如,值为 255 的正片图像中的像素会转换为 0,值为 5 的像素会转换为 250。使用【反相】命令的操作方法如下。

(1) 打开"素材\Cha06\反相.jpg"素材文件,如图 6-84 所示。

(2) 在菜单栏中选择【图像】|【调整】|【反相】命令,即可对图像进行反相,如图 6-85所示。

图 6-84 素材文件

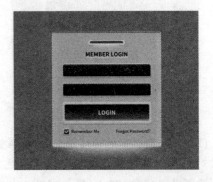

图 6-85 反相后的效果

**提示**

用户还可以按 Ctrl+I 组合键执行【反相】命令。

## 6.2.9　【去色】命令

执行【去色】命令可以删除彩色图像的颜色，但不会改变图像的颜色模式，如图 6-86、图 6-87 所示分别为执行该命令前后的图像效果。如果在图像中创建了选区，则执行该命令时，只会删除选区内图像的颜色，如图 6-88 所示。

图 6-86　执行【去色】命令　　　图 6-87　执行【去色】命令　　　图 6-88　去除选区内的颜色
　　　　之前的效果　　　　　　　　　　　之后的效果

### 【实例 6-6】调整 UI 的替换颜色

【替换颜色】命令可以选择图像中的特定颜色，然后将其替换。该命令的对话框中包含颜色选择选项和颜色调整选项。颜色的选择方式与【色彩范围】命令基本相同，而颜色的调整方式又与【色相/饱和度】命令十分相似，所以，我们暂且将【替换颜色】命令看作是这两个命令的集合。

【实例 6-6】调整 UI 的替换颜色.mp4

下面介绍使用【替换颜色】命令替换图像颜色的操作方法，其效果如图 6-89 所示。

图 6-89　替换颜色效果

(1) 打开"素材\Cha06\替换颜色.jpg"素材文件，如图 6-90 所示。

(2) 在菜单栏中选择【图像】|【调整】|【替换颜色】命令，打开【替换颜色】对话框，使用吸管工具在图像上吸取颜色，如图 6-91 所示。

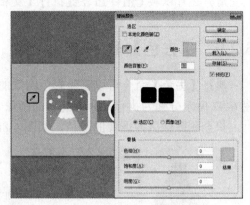

图 6-90　素材文件　　　　　　　　　图 6-91　吸取颜色

(3) 将【颜色容差】设置为 180，在【替换】选项组中将【色相】设置为+75、【饱和度】设置为+25、【明度】设置为-2，如图 6-92 所示。

(4) 设置完成后单击【确定】按钮，即可完成操作。

## 6.2.10　【阴影/高光】命令

当照片曝光不足时，使用这个命令在打开的如图 6-93 所示的【阴影/高光】对话框中可以轻松校正。这种校正不是简单地将图像变亮或变暗，而是基于阴影或高光区周围的像素协调地增亮和变暗。

图 6-92　设置替换颜色参数

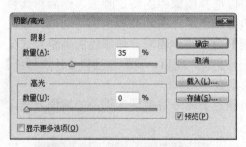

图 6-93　【阴影/高光】对话框

## 6.2.11　【黑白】命令

将彩色图像转换为灰度图像，同时保持对各颜色的转换方式的完全控制，也可以通过对图像应用【色调】来为灰度着色。通过颜色滑块调整图像中特定颜色的灰色调。将滑块向左或向右拖动可使图像原色的灰色调变暗或变亮。【黑白】对话框如图 6-94 所示。

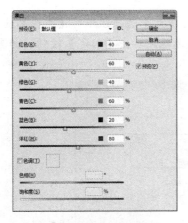

图 6-94　【黑白】对话框

## 【实例 6-7】调整 UI 的 HDR 色调

【实例 6-7】调整 UI
的 HDR 色调.mp4

下面介绍使用 Photoshop 设置图片的 HDR 色调的具体操作方法，其效果如图 6-95 所示。

图 6-95　HDR 色调效果

(1) 打开"素材\Cha06\HDR 色调.jpg"素材文件，如图 6-96 所示。

(2) 选择【图像】|【调整】|【HDR 色调】命令，如图 6-97 所示。

图 6-96　素材文件

图 6-97　选择【HDR 色调】命令

(3) 弹出【HDR 色调】对话框，在【边缘光】选项组中将【半径】设置为 75 像素，将【强度】设置为 1.5，勾选【平滑边缘】复选框，单击【确定】按钮，如图 6-98 所示。

(4) 返回工作界面中即可观察效果。

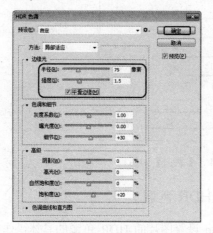

图 6-99　设置【半径】和【强度】参数

### 知识链接

HDR 的全称是 High Dynamic Range，即高动态范围，比如所谓的高动态范围图像(HDRI)或者高动态范围渲染(HDRR)。目前的 16 位整型格式使用从 0(黑)到 1(白)的颜色值，但是不允许所谓的【过范围】值，比如说金属表面比白色还要白的高光处的颜色值。

简单来说，HDR 效果主要有三个特点。

(1) 亮的地方可以非常亮。

(2) 暗的地方可以非常暗。

(3) 亮暗部的细节都很明显。

# 习　题

1. 【色彩平衡】命令的主要作用是什么？
2. 一个颜色有几个属性？分别是什么？

第 **7** 章

# 移动 UI 文字的编排设计

**本章导读**

在移动 UI APP 图像设计中，文字的应用非常广泛，通过对文字进行编排与设计，可以有效地突出设计主题，并对图像起到美化的作用。本章主要讲述与文字处理相关的知识点，帮助读者掌握文字工具的基本操作。

# 7.1 文字的排列

在移动 UI 设计中，文字是多数作品尤其是商业作品中不可或缺的重要元素，有时甚至起着主导作用。Photoshop 除了提供丰富的文字属性设计及版式编排功能外，还允许对文字的形状进行编辑，以便制作出更多、更丰富的文字效果。

## 7.1.1 文字属性设置

下面介绍设置文字属性的方法。

选择【横排文字工具】，其工具选项栏如图 7-1 所示。

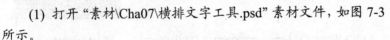

**图 7-1 文本工具选项栏**

◎ 【更改文本方向】：单击此按钮，可以在横排文字和直排文字之间进行切换。

◎ 【字体】设置框：在该设置框中，可以设置字体类型。

◎ 【字体大小】设置框：在该设置框中，可以设置字体大小。

◎ 【消除锯齿】设置框：设置消除锯齿的方法，包括【无】、【锐利】、【犀利】、【浑厚】和【平滑】等，通常设置为【平滑】。

◎ 【段落格式】设置区：包括【左对齐文本】、【居中对齐文本】和【右对齐文本】。

◎ 【文本颜色】设置项：单击可以弹出拾色器，从中可以设置文本颜色。

◎ 【取消】：取消当前的所有编辑。

◎ 【提交】：提交当前的所有编辑。

**【实例 7-1】输入横排图像文字**

横排文字是指水平的文本行，每行文本的长度随着文字的输入而不断增加，但是不会换行。下面详细介绍使用横排文字工具在图像中输入横排文字的操作方法，效果如图 7-2 所示。

【实例 7-1】输入横排
图像文字.mp4

(1) 打开"素材\Cha07\横排文字工具.psd"素材文件，如图 7-3 所示。

(2) 在工具箱中选择【横排文字工具】，在工具选项栏中将字体设置为【方正综艺简体】，将【字体大小】设置为 44 点，将【文本颜色】的 RGB 值设置为 255、255、255，在空白区域上单击鼠标，输入文本"邀好友 赚零钱"，按 Ctrl+Enter 组合键确认输入，如图 7-4 所示。

**提示**

当用户在图形上输入文本后，系统将会为输入的文字单独生成一个图层。

图 7-2　横排图像文字　　　图 7-3　素材文件　　　图 7-4　输入文字

## 【实例 7-2】输入直排图像文字

直排文字是指垂直的文本行，每行的文本长度随着文字的输入而不断增加，但是不会换行。下面详细介绍使用直排文字工具在图像中输入直排文字的操作方法，效果如图 7-5 所示。

(1) 打开"素材\Cha07\直排文字工具.psd"素材文件，如图 7-6 所示。

【实例 7-2】输入直排图像文字.mp4

(2) 在工具箱中选择【直排文字工具】，在工具选项栏中将字体设置为【华文新魏】，将【字体大小】设置为 72 点，将文本颜色的 RGB 值设置为 255、255、255，在空白区域单击鼠标，输入文本"天气晴朗"，按 Ctrl+Enter 组合键确认输入，如图 7-7 所示。

图 7-5　效果图　　　图 7-6　打开的素材文件　　　图 7-7　输入文本

## 【实例 7-3】横排文字蒙版的输入

在设计图像时，使用工具箱中的横排文字蒙版工具可以在图像编辑窗口中创建文字形状选区。下面将介绍如何创建横排文字蒙版，效果如图 7-8 所示。

【实例 7-3】横排文字蒙版的输入.mp4

(1) 打开"素材\Cha07\横排文字蒙版.psd"素材文件，在工具箱中选择【横排文字蒙版工具】，在工具选项栏中将字体设置为【方正粗黑宋简体】，将【字体大小】设置为 173点，将【垂直缩放】设置为 93%，如图 7-9 所示。

(2) 单击图片确定文字的输入点，图像会迅速地出现一个红色蒙版，如图 7-10 所示。

图 7-8　横排文字蒙版　　　　图 7-9　设置文字　　　　图 7-10　创建蒙版

(3) 输入文字，调整位置，并按 Ctrl+Enter 组合键确认，如图 7-11 所示。

(4) 确认背景色为白色，在【图层】面板中单击【创建新图层】按钮，按 Ctrl+Delete组合键，对文字进行填充，按 Ctrl+D 快捷组合键取消选区，完成后的效果如图 7-12 所示。

图 7-11　输入文字　　　　　　　　　图 7-12　填充文字

(5) 在【图层 1】上单击鼠标右键，在弹出的快捷菜单中选择【混合选项】命令，弹出【图层样式】对话框，勾选【投影】复选框，将【混合模式】设置为正片叠底，将颜色设置为#661700，【不透明度】设置为 75%，【角度】设置为 166 度，将【距离】、【扩展】、【大小】分别设置为 5 像素、0%、5 像素，单击【确定】按钮，即可完成操作，如图 7-13所示。

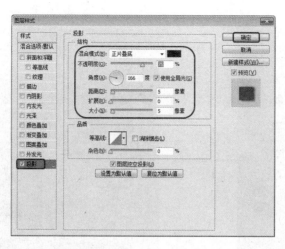

图 7-13　设置投影参数

## 【实例 7-4】直排文字蒙版的输入

在设计图像时，使用工具箱中的直排文字蒙版工具可以在图像编辑窗口中创建文字形状选区。下面介绍如何创建直排文字蒙版，效果如图 7-14 所示。

【实例 7-4】直排文字
蒙版的输入.mp4

(1) 打开"素材\Cha07\直排文字蒙版.psd"素材文件，在工具箱中选择【直排文字蒙版工具】，在工具选项栏中将字体设置为【华文彩云】，将【字体大小】设置为 72 点，如图 7-15 所示。

(2) 单击图像确定文字的输入点，图像上会迅速出现一个红色蒙版，如图 7-16 所示。

图 7-14　直排文字蒙版

图 7-15　设置文字

图 7-16　创建蒙版

(3) 输入文字，并按 Ctrl+Enter 组合键确认，如图 7-17 所示。

(4) 确认背景色为白色，在【图层】面板中单击【创建新图层】按钮，按 Ctrl+Delete 组合键，对文字进行填充，按 Ctrl+D 组合键取消选区，完成后的效果如图 7-18 所示。

图 7-17　输入文字

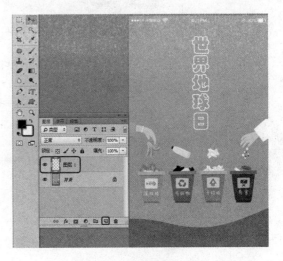

图 7-18　完成后的效果

## 7.1.2　编辑段落文本

段落文字是在文本框内输入的文字，它具有自动换行、可调整文字区域大小等优势。在处理文字量较大的文本时，可以使用段落文字来完成。下面将具体介绍段落文本的创建。

(1) 打开"图片 1.jpg 素材文件，在工具箱中选择【横排文字工具】，在工作区单击并拖动鼠标创建一个矩形定界框，如图 7-19 所示。

(2) 释放鼠标，在素材图形中出现一个闪烁的光标后，输入文本并进行设置，当输入的文本到达文本框边界时会自动换行，如图 7-20 所示。完成文本的输入后，按 Ctrl+Enter 组合键进行确认。

(3) 当文本框内不能显示全部文字时，其右下角的控制点会显示为 田 形状，如图 7-21 所示。拖动文本框上的控制点可以调整定界框大小，文字会在调整后的文本框内重新排列。

图 7-19　创建矩形定界框

图 7-20　输入文字

图 7-21　调整定界框

> **提示**
>
> 创建文本定界框时，按住键盘上的 Shift 键拖曳定界框上的控制点，可以按比例进行缩放。

## 7.1.3 点文本与段落文本之间的转换

在输入文本时，点文本与段落文本之间是可以转换的。下面将详细介绍点文本和段落文本之间的转换方法。

### 1. 点文本转换为段落文本

下面介绍如何将点文本转换为段落文本。

(1) 打开"素材\Cha07\点文本转换为段落文本.psd"素材文件，如图 7-22 所示。

(2) 在【图层】面板中右击文字图层，在弹出的快捷菜单中选择【转换为段落文本】命令，如图 7-23 所示。

(3) 上述操作执行完后即可将点文本转换为段落文本，效果如图 7-24 所示。

图 7-22 素材文件　　　图 7-23 选择【转换为段落文本】命令　　　图 7-24 转换成段落文本

### 2. 段落文本转换为点文本

下面介绍将段落文本转换为点文本的操作。

(1) 打开"素材\Cha07\段落文本转换为点文本.psd"素材文件，在【图层】面板中的文字图层上右击，在弹出的快捷菜单中选择【转换为点文本】命令，如图 7-25 所示。

(2) 执行上述操作后，即可将段落文本转换为点文本，效果如图 7-26 所示。

图 7-25 选择【转换为点文本】命令　　　图 7-26 完成后的效果

## 7.1.4 文字的拼写检查

在设计图像时，可以通过【拼写检查】命令检查输入的拼音文字，系统会对词典中没有的词进行询问。如果被询问的词的拼写是正确的，可以将该词添加到词典中；如果被询问的词的拼写是错误的，可以将其改正。选择【编辑】|【拼写检查】命令，会弹出【拼写检查】对话框，系统会自动查找不在词典中的单词，在【更改为】文本框中输入正确的英文单词，如图 7-27 所示；单击【更改】按钮，弹出信息提示框，如图 7-28 所示，单击【确定】按钮，即可将拼写错误的英文单词更改正确，如图 7-29 所示。

**图 7-27 在【更改为】文本框中输入正确的英文单词**

**图 7-28 信息提示框**　　　　　　**图 7-29 更正错误的英文单词**

【拼写检查】对话框中各选项的主要含义如下。

◎ 【忽略】按钮：继续进行拼写检查而不更改文字。

◎ 【更改】按钮：改正一个拼写错误，但应确保【更改为】文本框中的词拼写正确。

◎ 【更改全部】按钮：要改正文本中多处同样的拼写错误，可以单击此按钮。

◎ 【添加】按钮：可以将无法识别的词存储在词典中。

◎ 【检查所有图层】：勾选该复选框，可以对整幅图像中不同图层的拼写进行检查。

## 7.1.5　文字的查找与替换

在图像中输入大量的文字后，如果出现相同错误的文字很多，可以使用【查找和替换文本】功能对文字进行批量更改，以提高工作效率。下面详细介绍查找与替换文字的操作方法。

(1) 打开"素材\Cha07\文字的查找与替换.psd"素材文件，如图 7-30 所示。

(2) 在菜单栏中选择【编辑】|【查找和替换文本】命令，如图 7-31 所示。

(3) 弹出【查找和替换文本】对话框，将【查找内容】设置为"假日"，将【更改为】设置为"节日"，单击【更改全部】按钮，如图 7-32 所示。

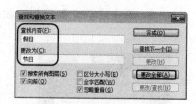

图 7-30　素材文件　　　图 7-31　选择【查找和替换文本】命令　　图 7-32　【查找和替换文本】对话框

(4) 弹出 Adobe Photoshop CC 对话框，单击【确定】按钮，如图 7-33 所示。

(5) 完成文本的替换，效果如图 7-34 所示。

图 7-33　信息提示框

图 7-34　最终效果

【查找和替换文本】对话框中主要选项的含义如下。

◎　【查找内容】：在该文本框中输入需要查找的文本内容。

◎　【更改为】：在该文本框中输入需要更改为的文本内容。

◎　【区分大小写】：对于英文，查找时严格区分大小写。

◎ 【全字匹配】：对于英文，查找的内容必须与分隔符之间的部分完全一致。

◎ 【向前】：勾选该复选框时，只查找光标所在位置前面的文字。

## 7.2 设置移动 UI 中的文字效果

对于创建的文字进行编辑主要是设置文字变形、应用文字样式和栅格化文字。在 Photoshop 中，滤镜、绘画工具和调整命令不能用于文字图层，这就需要先对输入的文字进行编辑处理，从而达到预想效果。

### 7.2.1 设置文字变形

为了增强文字的效果，可以创建变形文本。下面将介绍设置文字变形的方法。

(1) 打开"素材\Cha07\文字变形.psd"素材文件，在素材中选择文字，如图 7-35 所示。

(2) 在工具选项栏中单击【创建变形文字】按钮，在弹出的【变形文字】对话框中单击【样式】右侧的下三角按钮，在弹出的下拉列表中选择【波浪】选项，如图 7-36 所示。

(3) 单击【确定】按钮，按下键盘上的 Enter 键即可完成对文字的变形，效果如图 7-37 所示。

图 7-35　选择素材中的文字　　　　图 7-36　选择【波浪】选项　　　　图 7-37　文字变形后的效果

### 7.2.2 应用文字样式

下面将介绍如何应用文字样式，应用不同的文字样式会出现不同的效果，具体操作步骤如下。

(1) 在工具箱中选择【横排文字工具】，在素材图形中选择文字，在工具选项栏中单击【字体】下三角按钮，在弹出的下拉列表中选择【方正水柱简体】选项，如图 7-38 所示。

(2) 执行操作后，即可改变字体样式，效果如图 7-39 所示。

图 7-38 选择字体

图 7-39 完成后的效果

## 【实例 7-5】载入文本路径

路径文字是指在路径上创建的文字，文字会沿路径排列出图形效果。下面将介绍如何创建路径文本，效果如图 7-40 所示。

(1) 打开 "素材\Cha07\图片 2.jpg" 素材文件，在工具箱中选择【直线工具】 ，将【工具模式】更改为形状，在工作区中绘制一条直线，如图 7-41 所示。

(2) 在工具箱中选择【横排文字工具】 ，将光标放在路径上，当光标变为 形状时，如图 7-42 所示，在工具选项栏中将【字体】设置为【方正美黑简体】，将【字体大小】设置为 60，将【字体颜色】的 RGB 值设置为白色，在路径上单击鼠标左键，输入文字 "80%" 即可，如图 7-43 所示。

(3) 在【图层】面板中选择【形状 1】图层，按 Delete 键将其删除，适当调整 "80%" 文本的位置，如图 7-44 所示。

【实例 7-5】载入文本路径.mp4

图 7-40 载入文本路径

图 7-41 绘制直线

图 7-42 光标在路径上的显示形状

图 7-43　输入文字后的效果

图 7-44　调整完成后的效果

## 7.2.3　栅格化文字

文字图层是一种特殊的图层。要想对文字做进一步的处理，可以对文字进行栅格化，即先将文字转换成一般的图像再进行处理。

对文字进行栅格化的方法如下。

(1) 打开"素材\Cha07\栅格化文字.psd"素材文件，在【图层】面板中的文字图层上右击鼠标，在弹出的快捷菜单中选择【栅格化文字】命令，如图 7-45 所示。

(2) 执行操作后，即可将文字进行栅格化，效果如图 7-46 所示。

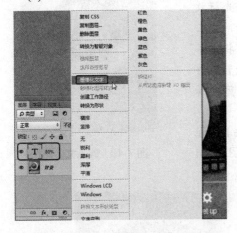

图 7-45　选择【栅格化文字】命令

图 7-46　完成后的效果

## 7.2.4　将文本转换为智能对象

下面介绍将文本转换为智能对象的方法。

(1) 打开"素材\Cha07\将文本转换为智能对象.psd"素材文件，单击鼠标右键，在弹出的快捷菜单中选择【转换为智能对象】命令，如图 7-47 所示。

(2) 操作完成后，即可将文字转换为智能对象，如图 7-48 所示。

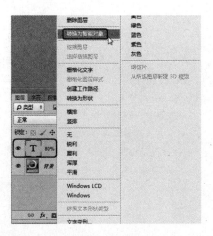

图 7-47　选择【转换为智能对象】命令

图 7-48　转换为智能对象的【图层】

## 习　题

1. 如何精确定义文字区域大小？
2. 如何将文字转换为图像？

第 **8** 章

# 移动 UI 图像的处理

本章要点

**基础知识**
◆ 矩形选框工具
◆ 椭圆选框工具

**重点知识**
◆ 磁性套索工具
◆ 反向选择

**提高知识**
◆ 魔棒工具
◆ 变换选区

本章导读

　　本章主要介绍使用各种工具创建、编辑图像选区，通过创建选区，可以将编辑操作限定在一定区域，这样就可以处理局部图像而不影响其他内容了。通过本章的学习，可以掌握选区的创建与编辑。

## 8.1 图像命令处理技法

本节主要介绍如何使用【扩大选取】、【变换选区】、【选取相似】以及【反向】等命令对移动 UI 图像进行处理。

### 8.1.1 全部选择

【全部选择】命令主要用于全选图像，下面来介绍【全部选择】命令的使用。

(1) 打开"素材\Cha08\001.jpg"素材图片，如图 8-1 所示。

(2) 选择菜单栏中的【选择】|【全部】命令，或按下 Ctrl+A 组合键可以选择文档边界内的全部图像，如图 8-2 所示。

图 8-1　素材文件　　　　　　　　图 8-2　选中全部对象

### 8.1.2 变换选区

下面介绍【变换选区】命令的使用。

(1) 打开"素材\Cha08\001.jpg"素材图片，在工具箱中选择【矩形选框工具】，在图像中创建选区，完成选区的创建后，单击鼠标右键，在弹出的快捷菜单中选择【变换选区】命令，如图 8-3 所示。

(2) 在出现的定界框中，移动定界点，变换选区，效果如图 8-4 所示。

> **提示**
>
> 定界框中心有一个图标状的参考点，所有的变换都以该点为基准来进行。默认情况下，该点位于变换项目的中心(变换项目可以是选区、图像或者路径)，可以在工具选项栏的参考点定位符图标上单击，修改参考点的位置。例如，要将参考点定位在定界框的左上角，可以单击参考点定位符左上角的方块。此外，也可以通过拖动的方式移动它。

图 8-3　选择【变换选区】命令

图 8-4　调整变换选区后的效果

## 8.1.3　使用【扩大选取】命令扩大选区

【扩大选取】命令可以将原选区进行扩大，但是该命令只扩大与原选区相连接的区域，并且会自动寻找与选区中的像素相近的像素进行扩大。下面介绍该命令的用法。

(1) 打开"素材\Cha08\001.jpg"素材图片，在图像中创建选区，完成选区的创建后，执行【选择】|【扩大选取】命令，或者在选区中单击鼠标右键，在弹出的快捷菜单中选择【扩大选取】命令，如图 8-5 所示。

(2) 执行操作后，即可扩大选区，效果如图 8-6 所示。

图 8-5　选择【扩大选取】命令

图 8-6　扩大选区后的效果

## 8.1.4　使用【选取相似】命令创建相似选区

【选取相似】命令也可以扩大选区，它与【扩大选取】命令相似，但是该命令可以从整个文件中寻找相似的像素进行扩大选区。

(1) 打开"素材\Cha08\001.jpg"素材文件，在工具箱中选择【魔棒工具】，在图像

中创建选区,完成选区的创建后,执行【选择】|【选取相似】命令,或者在选区中单击鼠标右键,在弹出的快捷菜单中选择【选取相似】命令,如图 8-7 所示。

(2) 执行操作后,即可在工作区中选取相似对象,效果如图 8-8 所示。

图 8-7　选择【选取相似】命令

图 8-8　选取相似对象

## 【实例 8-1】通过【反向】命令抠取图形

【反向】命令主要是对创建的选区进行反向选择。下面介绍【反向】命令的用法,效果如图 8-9 所示。

(1) 打开一张素材图片,选择【矩形选框工具】 ，选择如图 8-10 所示的选区。

(2) 选择菜单栏中的【选择】|【反向】命令,这样刚才未被选中的图像就被选中了,而选择的选区部分则变为未选中状态,如图 8-11 所示。

【实例 8-1】通过【反向】
命令抠取图形.mp4

图 8-9　效果图

图 8-10　选择选区

图 8-11　反向选择

(3) 按 Ctrl+U 组合键，在弹出的对话框中将【色相】、【饱和度】分别设置为-37、+8，如图 8-12 所示。

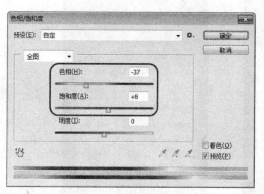

图 8-12　设置色相/饱和度

(4) 设置完成后，单击【确定】按钮，即可完成设置。按 Ctrl+D 组合键取消选区。

> **提示**
>
> 【反向】命令对应的组合键是 Shift+Ctrl+I。

## 8.1.5　取消选择与重新选择

执行【选择】|【取消选择】命令，或按 Ctrl+D 组合键可以取消选择。如果当前使用的工具是矩形选框、椭圆选框或套索工具，并且在工具选项栏中单击【新选区】按钮，则在选区外单击即可取消选择。

如果需要恢复被取消的选区，可以执行【选择】|【重新选择】命令，或按 Shift+Ctrl+D 组合键。但是，如果在执行该命令前修改了图像或画布的大小，则选区记录将从 Photoshop 中删除，因此，也就无法恢复选区。

### 【实例 8-2】使用【色彩范围】命令创建选区

本例介绍如何使用【色彩范围】命令。让我们来通过实例熟悉它的使用方法，效果如图 8-13 所示。

(1) 启动 Photoshop CC 后，打开 "素材\Cha08\色彩范围.jpg" 素材文件，如图 8-14 所示。

(2) 在菜单栏中选择【选择】|【色彩范围】命令，如图 8-15 所示。

【实例 8-2】使用【色彩范围】命令创建选区.mp4

(3) 在弹出的【色彩范围】对话框中单击【吸管工具】按钮，将【颜色容差】值设置为 200，在如图 8-16 所示的位置处单击。

(4) 选择完成后单击【确定】按钮，选择的红色部分就转换为选区，如图 8-17 所示。

(5) 在菜单栏中选择【图像】|【调整】|【色相/饱和度】命令，在弹出的【色相/饱和度】对话框中，将【色相】设置为-18，将【饱和度】设置为 17，将【明度】设置为 3，如图 8-18 所示。

(6) 设置完成后，单击【确定】按钮，按 Ctrl+D 组合键取消选区。

图 8-13　效果图

图 8-14　素材文件

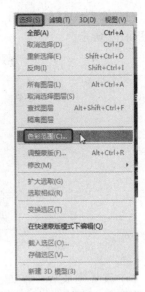

图 8-15　选择【色彩范围】命令

图 8-16　吸取红色图像

图 8-17　将红色部分转换为选区

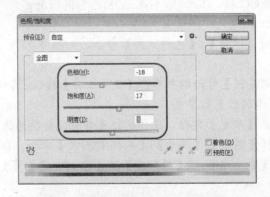

图 8-18　设置【色相/饱和度】参数

## 8.2　图像工具的处理技法

在移动 UI 的设计过程中，对图像进行抠图合成处理时，经常需要借助选区来确定操作对象的区域。选区的功能在于准确地限制抠取的图像范围，从而得到精确的效果，因此，选择工具尤为重要。

### 8.2.1　套索工具

【套索工具】用来徒手绘制选区，因此，创建的选区具有很强的随意性，无法使用它来准确地选择对象，但可以用它来处理蒙版，或者选择大面积区域内的漏选对象。下面来介绍它的使用方法。

(1) 启动 Photoshop CC，打开"素材\Cha08\002.jpg"素材文件，如图 8-19 所示。

(2) 选择工具箱中的【套索工具】，在工具选项栏中使用默认参数，然后在图片中进行绘制，如图 8-20 所示。

图 8-19　素材文件

图 8-20　绘制选区

如果没有移动到起点处就放开鼠标，则 Photoshop 会在起点与终点之间连接一条直线来封闭选区。

### 8.2.2　多边形套索工具

【多边形套索工具】可以创建由直线连接的选区，它适合选择边缘为直线的对象。在工具箱中选择【多边形套索工具】，使用该工具选项栏中的默认值，然后在手机壁纸的边缘处单击绘制选区，如图 8-21 所示。

图 8-21　用【多边形套索工具】绘制选区

### 【实例 8-3】通过【矩形选框工具】更换相机拍照 UI

【矩形选框工具】 用来创建矩形和正方形选区。下面通过
【矩形选框工具】更换相机拍照 UI，效果如图 8-22 所示。

【实例 8-3】通过【矩形
选框工具】更换相机
拍照 UI.mp4

(1) 打开"素材\Cha08\矩形选框工具.psd"素材文件，如图 8-23
所示。

(2) 打开"素材\Cha08\水果.jpg"素材文件，在工具箱中单击
【矩形选框工具】按钮 ，选择如图 8-24 所示的选区。

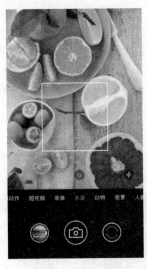

图 8-22　效果图　　　　图 8-23　素材文件　　　　图 8-24　选择选区

(3) 在工具箱中单击【移动工具】按钮 ，将鼠标移动至选区上，当鼠标指针变为 形
状时，拖动鼠标，将图片拖曳至"矩形选框工具.psd"素材文件中，如图 8-25 所示。

(4) 按 Ctrl+T 组合键调整图片的大小和位置，在【图层】面板中将【图层 1】调整至【背
景】图层的上方，如图 8-26 所示。

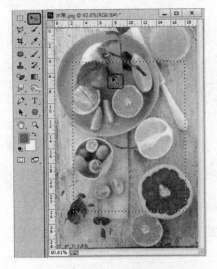

图 8-25　移动对象　　　　　　　　图 8-26　调整图层

提示

按住 Alt+Shift 组合键可以以鼠标所在位置为中心创建正方形选区。

## 8.2.3 椭圆选框工具

【椭圆选框工具】 用于创建椭圆形和圆形选区。下面通过实例来具体介绍【椭圆选框工具】的操作方法。

(1) 启动 Photoshop CC, 打开 "素材\Cha08\003.jpg" 素材文件, 如图 8-27 所示。

(2) 在工具箱中单击【椭圆选框工具】按钮 , 创建椭圆选区, 如图 8-28 所示。

图 8-27 素材文件

图 8-28 创建椭圆选区

(3) 在【图层】面板中双击【背景】图层, 弹出【新建图层】对话框, 保持默认设置, 单击【确定】按钮, 如图 8-29 所示。

(4) 解锁图层背景后, 按 Ctrl+Shift+I 组合键反选对象, 按 Delete 键删除多余的背景, 抠图后的效果如图 8-30 所示。

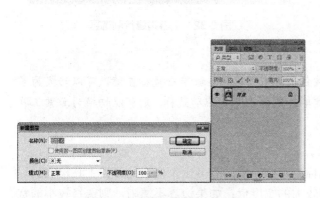

图 8-29 【新建图层】对话框

图 8-30 抠图效果

提示

在绘制椭圆选区时, 按住 Shift 键的同时拖动鼠标可以创建圆形选区; 按住 Alt 键的同时拖动鼠标会以鼠标所在位置为中心创建选区, 按住 Alt+Shift 组合键的同时拖动鼠标, 会以鼠标所在位置为中心绘制圆形选区。

【椭圆选框工具】选项栏与【矩形选框工具】选项栏的选项相同，但是该工具增加了【消除锯齿】功能，由于像素为正方形并且是构成图像的最小元素，所以当创建圆形或者多边形等不规则图形选区时很容易出现锯齿效果，此时勾选【消除锯齿】复选框，会自动在选区边缘 1 像素的范围内添加与周围相近的颜色，这样就可以使产生锯齿的选区变得平滑。

## 8.2.4 磁性套索工具

【磁性套索工具】能够自动检测和跟踪对象的边缘，如果对象的边缘较为清晰，并且与背景的对比也比较明显，使用它可以快速选择对象。下面通过实例介绍该工具的使用方法。

(1) 启动 Photoshop CC，打开"素材\Cha08\004.jpg"素材文件，如图 8-31 所示。

(2) 选择【磁性套索工具】，使用工具选项栏中的默认值，然后沿着边缘绘制选区，如图 8-32 所示，如果想在某个位置放置一个锚点，可以在该处单击鼠标左键，按下 Delete 键可依次删除前面的锚点。

图 8-31　素材文件　　　　　　　　　图 8-32　沿着边缘绘制选区

> **提示**
>
> 在使用【磁性套索工具】时，按住 Alt 键在其他区域单击鼠标左键，可以转换为多边形套索工具创建直线选区；按住 Alt 键单击鼠标左键并拖动鼠标，则可以切换为套索工具绘制自由形状的选区。

磁性套索工具选项栏如图 8-33 所示。

◎ 【宽度】：宽度值决定了以光标为基准，周围有多少个像素能够被工具检测到。如果对象的边界清晰可以选择较大的宽度值；如果边界不清晰，则选择较小的宽度值。

◎ 【对比度】：用来检测设置工具的灵敏度。较高的数值只检测与它们的环境对比鲜明的边缘；较低的数值则检测低对比度边缘。

◎ 【频率】：在使用磁性套索工具创建选区时，会产生很多锚点，频率值决定了锚点的数量，该值越大，设置的锚点越多。

◎ 【使用绘图板压力以更改钢笔宽度】：如果电脑配置有手绘板和压感笔，可以激活该按钮，增大压力将会导致边缘宽度减小。

图 8-33　磁性套索工具选项栏

## 8.2.5　魔棒工具

【魔棒工具】能够基于图像的颜色和色调来建立选区，它的使用方法非常简单，只需在图像上单击即可，适合选择图像中较大的单色区域或相近颜色。下面来介绍该工具的使用方法。

(1) 启动 Photoshop CC，打开"素材\Cha08\005.jpg"素材文件，如图 8-34 所示。

(2) 在工具箱中选择【魔棒工具】，然后在素材图片中的背景区域单击鼠标，即可将颜色相同的部分选中，如图 8-35 所示，单击的位置不同，所选的区域就不同。

图 8-34　素材文件

图 8-35　用【魔棒工具】绘制选区

**提示**

使用魔棒工具时，按住 Shift 键的同时单击鼠标可以添加选区，按住 Alt 键的同时单击鼠标可以从当前选区中减去，按住 Shift+Alt 组合键的同时单击鼠标可以得到与当前选区相交的选区。

## 8.2.6　快速选择工具

【快速选择工具】是一种非常直观、灵活和快捷的选择工具，适合于选择图像中较大的单色区域。

(1) 启动 Photoshop CC，打开"素材\Cha08\005.jpg"素材文件，如图 8-36 所示。

(2) 选择工具箱中【快速选择工具】 ，在素材文件中单击鼠标左键并拖曳鼠标创建选区，鼠标经过的区域即变为选区，用户可以通过多次单击鼠标选择某个对象，如图 8-37 所示。

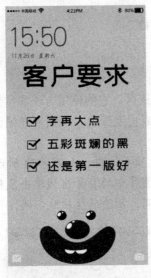

图 8-36　素材文件

图 8-37　用【快速选择工具】绘制选区

**提示**

使用快速选择工具时，除了可以拖动鼠标来选取图像外，还可以单击图像来选取。如果有漏选的地方，可以按住键盘上 Shift 键的同时单击，将其添加到选区中，如果有多选的地方可以按住 Alt 键的同时单击，将其从选区中减去。

### 【实例 8-4】通过【污点修复画笔工具】制作移动 UI

【污点修复画笔工具】可以快速移去照片中的污点和其他不理想的部分。污点修复画笔的工作方式与修复画笔类似：它使用图像或图案中的样本像素进行绘画，污点修复画笔不要求用户指定样本点，它将自动从所修饰区域的周围取样。下面来介绍用【污点修复画笔工具】制作移动 UI 的方法，效果如图 8-38 所示。

【实例 8-4】通过【污点修复画笔工具】制作移动 UI 界面.mp4

图 8-38　效果图

(1) 打开"素材\Cha08\污点修复画笔工具.jpg"素材文件，如图 8-39 所示。

(2) 在工具箱中单击【污点修复画笔工具】 ，在工作区中对文字部分进行涂抹，如图 8-40 所示。

(3) 释放鼠标后，文字会自动清除。

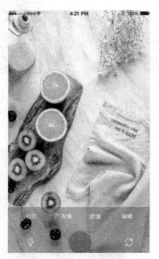

图 8-39　素材文件

图 8-40　涂抹要移除的部分

## 【实例 8-5】通过【修补工具】制作移动 UI

修补工具是对修复画笔工具的一个补充。修复画笔工具是用画笔来进行图像的修复，而修补工具则是通过选区来进行图像的修复。像修复画笔工具一样，修补工具会将样本像素的纹理、光照和阴影等与源像素进行匹配。

【实例 8-5】通过【修补工具】制作移动 UI.mp4

下面通过实际的操作来熟悉该工具的使用方法，效果如图 8-41所示。

(1) 打开"素材\Cha08\修补工具.jpg"素材文件，如图 8-42 所示。

(2) 在工具箱中选择【修补工具】，在素材图片中进行选取，然后移动选区，在合适的位置释放鼠标，即可完成对图像的修补，如图 8-43 所示。

图 8-41　效果图

图 8-42　素材文件

图 8-43　修补后的效果

### 【实例 8-6】通过【仿制图章工具】制作移动 UI

【仿制图章工具】![icon]可以从图像中复制信息，然后应用到其他区域或者其他图像中，该工具常用于复制对象或去除图像中的缺陷。下面通过实际的操作来熟悉该工具的使用方法，移动 UI 效果如图 8-44 所示。

【实例 8-6】通过【仿制图章工具】制作移动 UI.mp4

(1) 打开"素材\Cha08\仿制图章.jpg"素材文件，如图 8-45 所示。

图 8-44　效果图

图 8-45　素材文件

(2) 在工具箱中单击【仿制图章工具】按钮![icon]，在工具选项栏中选择一个画笔，在【大小】文本框中输入 40 像素，在【硬度】文本框中输入 100%，按 Enter 键确认，如图 8-46 所示。

(3) 按住 Alt 键在正常皮肤上进行单击，则该位置成功设置为复制的取样点，在蝴蝶位置处拖动鼠标，去除图像中的蝴蝶对象。

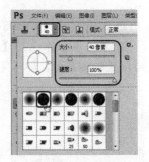

图 8-46　设置笔触

## 8.2.7　历史记录画笔工具

【历史记录画笔工具】可以将图像恢复到编辑过程中的某一状态，或者将部分图像恢复为原样，该工具需要配合【历史记录】面板一同使用。下面通过实例来介绍它的使用方法。

(1) 打开"素材\Cha08\历史记录画笔.jpg"素材文件，如图 8-47 所示。

(2) 选择【滤镜】|【模糊】|【高斯模糊】命令，在弹出的【高斯模糊】对话框中，设置【半径】为 5 像素，单击【确定】按钮，如图 8-48 所示。

(3) 在【历史记录】面板中，单击【打开】左侧的小方框，即可将其设置为【历史记录画笔的源】![icon]，如图 8-49 所示。

(4) 在工具箱中单击【历史记录画笔工具】按钮 ，在工具选项栏中将【大小】设置为 30 像素，将【硬度】设置为 50%，按 Enter 键确认，设置完成后，在人物位置处进行涂抹，将人物部分恢复为素材文件的原样，如图 8-50 所示。

图 8-47　素材文件

图 8-48　设置高斯模糊

图 8-49　设置历史记录画笔的源

图 8-50　恢复后的效果

## 8.2.8　橡皮擦工具

橡皮擦工具可以擦除图像，橡皮擦工具的颜色取决于背景色，如果在普通图层上使用，则会将像素抹成透明效果。下面介绍该工具的使用方法。

(1) 打开 "素材\Cha08\橡皮擦工具.jpg" 素材文件，如图 8-51 所示。

(2) 在工具箱中选择【橡皮擦工具】 ，在【画笔预设】选取器中选择柔边缘，将【大小】设置为 100 像素，将【硬度】设置为 0%，按 Enter 键确认，如图 8-52 所示。

(3) 在工具箱中将背景色的 RGB 值设置为 127、230、235，在素材文件中进行涂抹，完成后的效果如图 8-53 所示。

图 8-51　素材文件

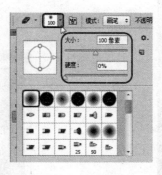

图 8-52　设置画笔大小

图 8-53　完成后的效果

### 8.2.9　背景橡皮擦工具

【背景橡皮擦工具】可以抹除图层上的像素,使图层透明;还可以抹除背景,同时保留对象中与前景相同的边缘。通过指定不同的取样和容差选项,可以控制透明度的范围和边界的锐化程度。

【背景橡皮擦工具】的选项栏如图 8-54 所示,其选项介绍如下。

图 8-54　【背景橡皮擦工具】选项栏

◎　【画笔预设】选取器:用于设置画笔的大小、硬度、间距等。

◎　【连续】:单击此按钮,擦除时会自动选择所擦除的颜色为标本色,此按钮用于抹去不同颜色的相邻范围。

◎　【一次】:单击此按钮,擦除时首先在要擦除的颜色上单击以选定标本色,这时标本色已固定,然后就可以在图像上擦除与标本色相同的颜色范围了。每次单击选定标本色只能做一次连续的擦除,如果想继续擦除,则必须重新单击选定标本色。

◎　【背景色板】:单击此按钮,也就是在擦除之前选定好背景色(即选定好标本色),然后就可以擦除与背景色相同的色彩范围了。

◎　【限制】下拉列表:用于选择【背景橡皮擦工具】的擦除界线,包括以下三个选项。

　◇　【不连续】:在选定的色彩范围内,可以多次重复擦除。

　◇　【连续】:在选定的色彩范围内,只能进行一次擦除,也就是说,必须在选定的标本色内连续擦除。

　◇　【查找边缘】:在擦除时,保持边界的锐度。

◎　【容差】设置框:可以输入数值或者拖动滑块来调节容差。数值越低,擦除的范围越接近标本色。大的容差会把其他颜色擦成半透明的效果。

◎ 【保护前景色】复选框：用于保护前景色，使之不会被擦除。

在 Photoshop 中是不支持背景层有透明部分的，而【背景橡皮擦工具】则可以直接在背景层上擦除，擦除后，Photoshop 会自动把背景层转换为一般层。

## 8.2.10 魔术橡皮擦工具

与【橡皮擦工具】不同的是，使用【魔术橡皮擦工具】在某一位置单击鼠标时，所单击位置周围相近的颜色将会被一同擦除，下面来学习该工具的使用方法。

(1) 打开"素材\Cha08\魔术橡皮擦.jpg"素材文件，如图 8-55 所示。

(2) 在工具箱中选择【魔术橡皮擦工具】 ，如图 8-56 所示。

(3) 在素材中的黄色背景上单击鼠标，即可将其擦除，如图 8-57 所示。

图 8-55 素材文件　　　　图 8-56 选择【魔术橡皮擦工具】　　　图 8-57 完成后的效果

## 习 题

1. 使用【椭圆选框工具】时应注意什么？

2. 【磁性套索工具】和【多边形套索工具】如何相互转换？

3. 【魔棒工具】的使用方法是什么？

第 **9** 章

## 移动 UI 的图形设计

本章要点

基础知识
◆ 钢笔工具
◆ 自由钢笔工具

重点知识
◆ 形状工具
◆ 选择路径

提高知识
◆ 转换点工具
◆ 移动 UI 的路径编辑

本章导读

　　UI 设计是指对软件的人机交互、操作逻辑、界面美观的整体设计。UI 设计分为实体 UI 和虚拟 UI，互联网中所说的 UI 设计是虚拟 UI，UI 即 User Interface(用户界面)的简称。

　　好的 UI 设计不仅可以让软件变得有个性、有品位，还可以让软件的操作变得舒适、简单、自由，充分体现软件的定位和特点，在 Photoshop 中熟练地利用好图形工具可以满足这一需求。本章将学习移动 UI 的图形设计。

## 9.1 图形创建与修改

本节将介绍移动 UI 的图形创建与修改，用户可以利用形状工具绘制各种图形或线条，图形工具在创建复杂图形，准确绘制图形方面有更快捷、更实用的优点。

### 9.1.1 使用【钢笔工具】创建图形

【钢笔工具】是创建路径的主要工具，它不仅可以用来选取图像，而且可以绘制矢量图形等。【钢笔工具】无论是画直线或是曲线，都非常简单。其操作特点是通过用鼠标在工作界面中创建各个锚点，根据锚点的路径和描绘的先后顺序，产生直线或者是曲线的效果。

选择【钢笔工具】，开始绘制之前光标会呈形状显示，若大小写锁定键被按下则为形状。下面介绍用钢笔工具创建路径与图形的方法。

#### 1. 绘制直线图形

下面将介绍如何使用【钢笔工具】绘制直线图形，具体操作步骤如下。

(1) 按 Ctrl+O 组合键，在弹出的对话框中选择"素材\Cha09\素材 01.jpg"素材文件，如图 9-1 所示。

(2) 单击【打开】按钮，即可将选中的素材文件打开，效果如图 9-2 所示。

图 9-1　选择素材文件

图 9-2　打开的素材文件

(3) 在工具箱中单击【钢笔工具】，在工具选项栏中将【工具模式】设置为【形状】，将【填充】设置为无，将【描边】的 RGB 值设置为 255、255、255，将【描边宽度】设置为 5 点，在工作界面中的不同位置单击鼠标，使用【钢笔工具】绘制直线，如图 9-3 所示。

(4) 使用相同的方法绘制其他直线，即可完成由直线组成的图形，效果如图 9-4 所示。

图 9-3　绘制直线

图 9-4　绘制图形后的效果

**知识链接:【路径】面板**

　　每当绘制一个图形或路径后,在【路径】面板中都会显示所绘制的图形与路径,【路径】面板主要是用来存储和管理路径。

　　选择【窗口】|【路径】命令,可以打开【路径】面板,面板中列出了每条存储的路径,以及当前工作路径和当前矢量蒙版的名称和缩略图,如图 9-5 所示。

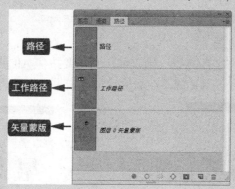

图 9-5　【路径】面板

- 　　【路径】:当前文档中包含的路径。
- 　　【工作路径】:工作路径是出现在【路径】面板中的临时路径,用于定义形状的轮廓。
- 　　【矢量蒙版】:当前文档中包含的矢量蒙版。
- 　　【用前景色填充路径】按钮 ●:单击该按钮,可以用前景色填充路径形成的区域。
- 　　【用画笔描边路径】按钮 ○:单击该按钮,可以用画笔工具沿路径描边。
- 　　【将路径作为选区载入】按钮 ⊕:单击该按钮,可以将当前选择的路径转换为选区。
- 　　【从选区生成工作路径】按钮 ◇:如果创建了选区,单击该按钮,可以将选区边界转换为工作路径。
- 　　【添加图层蒙版】按钮 ▣:单击该按钮,可以为当前工作路径创建矢量蒙版。
- 　　【创建新路径】按钮 ▢:单击该按钮,可以创建新的路径。如果按住 Alt 键单击该按钮，可以打开【新建路径】对话框，在该对话框中输入路径的名称也可以新建路径。新建路径后，可以使用钢笔工具或形状工具绘制图形。

● 【删除当前路径】按钮🗑：选择路径后，单击该按钮，可删除路径。也可以将路径拖至该按钮上直接删除。

**2. 绘制曲线图形**

**1） 绘制曲线**

单击鼠标绘制出第一点，然后单击左键并按住鼠标拖动绘制出第二点，如图 9-6 所示，这样就可以绘制曲线并使锚点两端出现方向线。方向点的位置及方向线的长短会影响到曲线的方向和弧度。

**知识链接：贝塞尔曲线**

贝塞尔曲线(Bézier curve)，又称贝兹曲线或贝济埃曲线，是应用于二维图形应用程序的数学曲线。1962 年，法国数学家 Pierre Bézier 第一个研究了这种矢量绘制曲线的方法，并给出了详细的计算公式。一般的矢量图形软件可以通过它来精确地画出曲线，贝塞尔曲线由线段与节点组成，节点是可拖动的支点，线段像可伸缩的皮筋，我们在绘图工具上看到的钢笔工具就是来做这种矢量曲线的。贝塞尔曲线是计算机图形学中相当重要的参数曲线，它具有精确和易于修改的特点，被广泛地应用在计算机图形领域中，如 Photoshop、Illustrator、CorelDRAW 等软件中都包含可以绘制贝塞尔曲线的工具。

**2） 绘制曲线之后绘直线**

绘制出曲线后，若要在之后接着绘制直线，则需要按住 Alt 键在最后一个锚点上单击，使控制线只保留一段，再松开 Alt 键，在新的地方单击另一点即可，如图 9-7 所示。

图 9-6　绘制曲线

图 9-7　绘制曲线后绘直线

下面将通过实际步骤来讲解如何绘制曲线路径。

(1) 打开"素材\Cha09\素材 02.psd"素材文件，如图 9-8 所示。

（2）在工具箱中单击【钢笔工具】✐，在工具选项栏中将【工具模式】设置为【形状】，将【填充】的 RGB 值设置为 255、255、255，将【描边】设置为无，单击鼠标绘制出第一点，然后单击左键并按住鼠标拖动绘制出第二点，绘制一条曲线，如图 9-9 所示。

图 9-8　素材文件

图 9-9　绘制曲线

（3）绘制完成第二点后，按住 Alt 键将鼠标指针移至第二点上，当鼠标指针变为▸形状时，单击鼠标左键，如图 9-10 所示。

（4）向下移动鼠标指针，在右下角单击鼠标，绘制直线，效果如图 9-11 所示。

（5）使用同样的方法在工作区中绘制其他线条，绘制后的效果如图 9-12 所示。

图 9-10　按住 Alt 键单击第二点

图 9-11　绘制直线后的效果

（6）在【图层】面板中选择【形状 1】图层，按住鼠标左键将其拖曳至【图层 1】的下方，调整后的效果如图 9-13 所示。

图 9-12　绘制其他线条后的效果

图 9-13　调整图层排放顺序

**知识链接：橡皮带**

当选择【钢笔工具】[图]后，在工具选项栏中单击【设置其他钢笔和路径选项】按钮[图]，在弹出的下拉列表中勾选【橡皮带】复选框，如图 9-14 所示，则可在绘制时直观地看到下一节点之间的轨迹，如图 9-15 所示。

图 9-14　勾选【橡皮带】复选框

图 9-15　显示锚点之间的轨迹

贝塞尔曲线是依据四个位置任意的点坐标绘制出的一条光滑曲线。研究贝塞尔曲线的人最初是按照已知曲线参数方程来确定四个点的思路来设计出这种矢量曲线绘制法的。贝塞尔曲线的有趣之处更在于它的"皮筋效应"，也就是说，随着点有规律地移动，曲线将产生像橡皮筋伸缩一样的变换，带来视觉上的冲击。

## 9.1.2　使用【自由钢笔工具】创建图形

【自由钢笔工具】[图]用来绘制比较随意的图形，它的使用方法与【套索工具】非常相似，选择该工具后，在画面中单击并拖动鼠标即可绘制路径，路径的形状为光标运行的轨迹，Photoshop 会自动为路径添加锚点。

下面详细介绍用【自由钢笔工具】创建图形的方法。

(1) 打开"素材\Cha09\素材 03.psd"素材文件，如图 9-16 所示。

(2) 在工具箱中单击【自由钢笔工具】 ，在工具选项栏中将【工具模式】设置为【形状】，将【填充】设置为无，将【描边】的 RGB 值设置为 255、54、160，将【描边宽度】设置为 15 点，在工作界面中绘制出如图 9-17 所示的路径。

图 9-16  素材文件

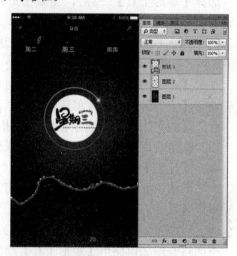

图 9-17  绘制路径

(3) 在【图层】面板中将【形状 1】图层调整至【图层 1】图层的上方，如图 9-18 所示。

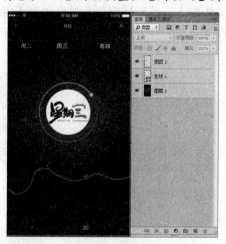

图 9-18  调整图层的排放顺序

## 9.1.3  形状工具的使用

形状工具包括：【矩形工具】 、【圆角矩形工具】 、【椭圆工具】 、【多边形工具】 、【直线工具】 和【自定形状工具】 。这些工具包含了一些常用的基本形状和自定义图形，通过这些工具可以方便地绘制所需要的基本形状和图形。

### 1. 【矩形工具】

【矩形工具】用来绘制矩形和正方形,按住 Shift 键的同时拖动鼠标可以绘制正方形,按住 Alt 键的同时拖动鼠标,可以以光标所在位置为中心绘制矩形,按住 Shift+Alt 组合键的同时拖动鼠标,可以以光标所在位置为中心绘制正方形。

选择【矩形工具】后,然后在工具选项栏中选择【设置其他形状和路径选项】按钮,弹出如图 9-19 所示的选项面板,在该选项面板中可以选择绘制矩形的方法。

图 9-19　矩形选项板

◎ 【不受约束】:选中该单选按钮后,可以绘制任意大小的矩形和正方形。

◎ 【方形】:选中该单选按钮后,只能绘制任意大小的正方形。

◎ 【固定大小】:选中该单选按钮后,然后在右侧的文本框中输入要创建的矩形的固定宽度和固定高度,输入完成后,则会按照输入的宽度和高度来创建矩形。

◎ 【比例】:选中该单选按钮后,然后在右侧的文本框中输入相对宽度和相对高度的值,此后无论绘制多大的矩形,都会按照此比例进行绘制。

◎ 【从中心】:勾选该复选框后,无论以任何方式绘制矩形,都将以光标所在位置为矩形的中心向外扩展绘制矩形。

下面将介绍如何使用【矩形工具】绘制图形,其操作步骤如下。

(1) 打开“素材\Cha09\素材 08.psd”素材文件,如图 9-20 所示。

(2) 在工具箱中单击【矩形工具】,在工具选项栏中将【工具模式】设置为【形状】,将【描边】设置为【无】,单击【设置其他形状和路径选项】按钮,选中【固定大小】单选按钮,将 W、H 分别设置为 735、193 像素,如图 9-21 所示。

图 9-20　素材文件

图 9-21　设置工具选项参数

(3) 设置完成后,在工作界面中拖动鼠标,即可创建一个长为 735 像素、宽为 193 像素的矩形,如图 9-22 所示。

提示

在使用【矩形工具】绘制矩形时，可以按住 Shift 键绘制正方形。

(4) 在【图层】面板中选择【矩形 1】图层，双击选中的图层，在弹出的对话框中选择【渐变叠加】，单击渐变条，在弹出的【渐变编辑器】对话框中将左侧色标的 RGB 值设置为 244、156、76，将右侧色标的 RGB 值设置为 248、68、92，如图 9-23 所示。

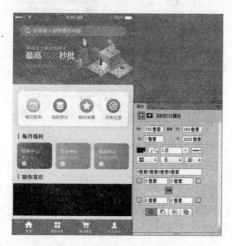

图 9-22　创建矩形后的效果

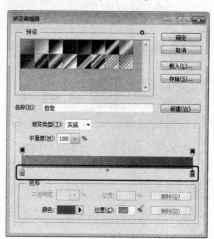

图 9-23　设置渐变参数

(5) 设置完成后，单击【确定】按钮，在返回的【图层样式】对话框中将【角度】设置为 0，如图 9-24 所示。

(6) 设置完成后，单击【确定】按钮，在【图层】面板中选择【矩形 1】图层，按住鼠标将其拖曳至【图层 3】图层的下方，调整后的效果如图 9-25 所示。

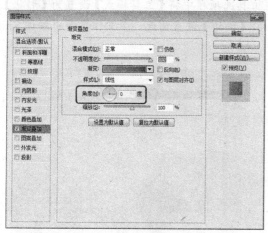

图 9-24　设置角度参数

图 9-25　调整图层排放顺序后的效果

## 2. 【圆角矩形工具】

【圆角矩形工具】用来创建圆角矩形，它的创建方法与矩形工具相同，只是比矩形工具多了一个【半径】选项，用来设置圆角的半径，该值越大，圆角就越大，如图 9-26 所示为将【半径】设置为 50 像素时的效果。图 9-27 所示为【半径】为 94 像素时的效果。

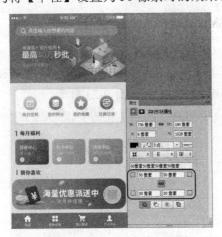
图 9-26 半径为 50 像素时的效果

图 9-27 半径为 94 像素时的效果

**提示**

在使用【圆角矩形工具】创建图形时，半径只可以介于 0.00 像素到 1000.00 像素之间。

**3.【椭圆工具】**

使用【椭圆工具】 可以创建规则的圆形，也可以创建不受约束的椭圆形，在绘制图形时，按住 Shift 键可以绘制一个正圆。

下面将介绍如何利用【椭圆工具】绘制图形，其操作步骤如下。

(1) 打开"素材\Cha09\素材 05.psd"素材文件，如图 9-28 所示。

(2) 在工具箱中单击【椭圆工具】 ，在工具选项栏中将【工具模式】设置为【形状】，将【填充】的 RGB 值设置为 255、255、255，将【描边】设置为无，在工作界面中按住 Shift 键拖曳鼠标绘制一个圆形，如图 9-29 所示。

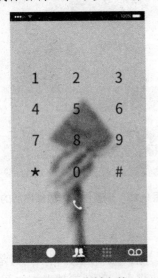
图 9-28 素材文件

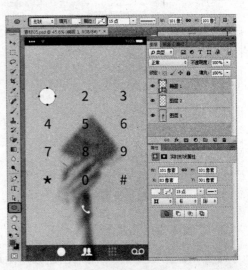
图 9-29 绘制圆形

(3) 在【图层】面板中选择【椭圆 1】图层，按住鼠标将其拖曳至【图层 2】的下方，在【图层】面板中选择【椭圆 1】图层，将【不透明度】设置为 70%，效果如图 9-30 所示。

(4) 使用【移动工具】选择绘制的圆形，按住 Alt 键对圆形进行复制，如图 9-31 所示。

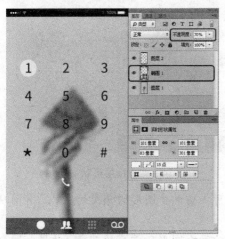
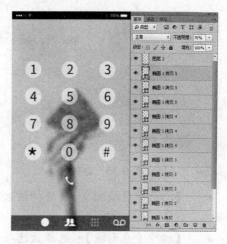

图 9-30　调整图层的排放顺序并设置不透明度参数　　　图 9-31　对圆形进行复制后的效果

(5) 使用同样的方法再复制一个圆形，选中复制后的圆形，在【属性】面板中将【填充】的 RGB 值设置为 75、203、66，并在工作界面中调整其位置，效果如图 9-32 所示。

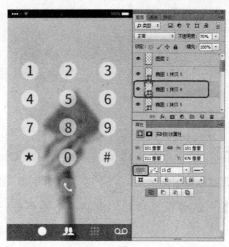

图 9-32　复制圆形并调整后的效果

**知识链接：路径操作**

在每个形状工具的工具属性栏中都提供了路径操作，路径操作下拉列表中的各个选项的功能如下。

- 【新建图层】：选择该选项后，可以创建新的图形图层。
- 【合并形状】：选择该选项后，新绘制的图形会与现有的图形合并，如图 9-33 所示。
- 【减去顶层形状】：选择该选项后，可以从现有的图形中减去新绘制的图形，如图 9-34 所示。

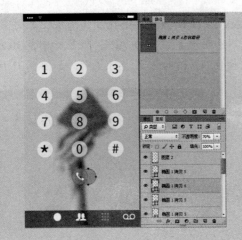

图 9-33　合并形状　　　　　　　　　　　图 9-34　减去顶层形状

- 【与形状区域相交】：选择该选项后，即可保留两个图形所相交的区域，如图 9-35 所示。

- 【排除重叠形状】：选择该选项后，将删除两个图形所重叠的部分，效果如图 9-36 所示。

图 9-35　与形状区域相交　　　　　　　　图 9-36　排除重叠形状

- 【合并形状组件】：选择该选项后，会将两个图形进行合并，并将其转换为常规路径。

### 4. 【多边形工具】

使用【多边形工具】 ⬢ 可以创建多边形和星形，下面将介绍如何使用【多边形工具】，操作步骤如下。

(1) 打开"素材\Cha09\素材 06.psd"素材文件，如图 9-37 所示。

(2) 在工具箱中单击【多边形工具】 ⬢ ，在工具选项栏中将【工具模式】设置为【形状】，将【填充】的 RGB 值设置为 255、222、0，将【描边】设置为无，单击【设置其他形状和路径选项】按钮 ⚙ ，在弹出的选项面板中勾选【平滑拐角】与【星形】复选框，将【缩进边依据】设置为 60%，将【边】设置为 5，如图 9-38 所示。

图 9-37　素材文件

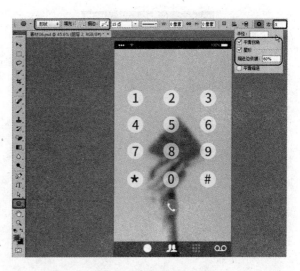

图 9-38　设置工具参数

## 知识链接：设置其他形状和路径选项

选择【多边形工具】后，在工具选项栏中单击【设置其他形状和路径选项】按钮，弹出如图 9-39 所示的选项面板，在该面板上可以设置相关参数，其中各个选项的功能如下。

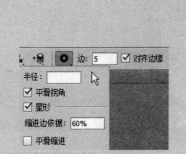

图 9-39　工具选项

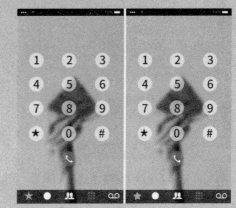

图 9-40　未勾选【平滑拐角】复选框和勾选
【平滑拐角】复选框效果的对比

- 【半径】：用来设置多边形或星形的半径。
- 【平滑拐角】：用来创建具有平滑拐角的多边形或星形。如图 9-40 所示为未勾选与勾选该复选框效果的对比。
- 【星形】：勾选该复选框可以创建星形。
- 【缩进边依据】：在勾选【星形】复选框后，该选项才会被激活，用于设置星形的边缘向中心缩进的数量，该值越高，缩进量就越大，如图 9-41、图 9-42 所示为【缩进边依据】为 10%和【缩进边依据】为 80%的对比效果。
- 【平滑缩进】：在勾选【星形】复选框后，该选项才会被激活，勾选该复选框可以使星形的边平滑缩进，如图 9-43、图 9-44 所示为勾选前与勾选后的对比效果。

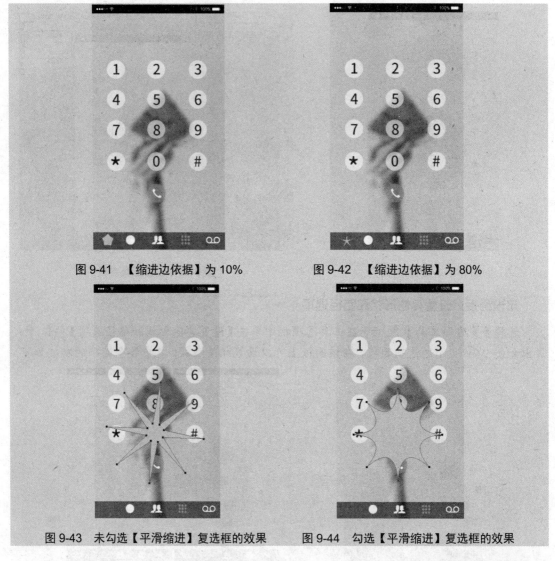

图 9-41 【缩进边依据】为 10%　　　图 9-42 【缩进边依据】为 80%

图 9-43 未勾选【平滑缩进】复选框的效果　　图 9-44 勾选【平滑缩进】复选框的效果

(3) 设置完成后，使用【多边形工具】在工作界面中绘制一个星形，如图 9-45 所示。

(4) 在【图层】面板中双击【多边形 1】图层，在弹出的对话框中勾选【投影】复选框，将【混合模式】设置为【正常】，将【阴影颜色】的 RGB 值设置为 237、155、44，将【不透明度】设置为 100%，勾选【使用全局光】复选框，将【角度】设置为 90 度，将【距离】、【扩展】、【大小】分别设置为 4 像素、8%、4 像素，如图 9-46 所示。

(5) 设置完成后，单击【确定】按钮，即可完成对多边形的调整，如图 9-47 所示。

图 9-45 绘制星形

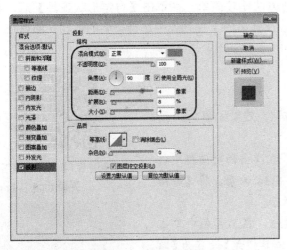

图 9-46　设置投影参数

图 9-47　调整后的效果

## 5.【直线工具】

　　【直线工具】 是用来创建直线和带箭头的线段的。选择【直线工具】 后，在工具选项栏中单击【设置其他形状和路径选项】按钮 ，弹出如图 9-48 所示的选项面板。

　◎　【起点/终点】：勾选【起点】复选框后会在直线的起点处添加箭头，勾选【终点】复选框后会在直线的终点处添加箭头，如果同时勾选这两个复选框，则会绘制出双向箭头。

　◎　【宽度】：该选项用来设置箭头宽度与直线宽度的百分比。

　◎　【长度】：该选项用来设置箭头长度与直线宽度的百分比。

　◎　【凹度】：该选项用来设置箭头凹陷程度的百分比。

## 6.【自定形状工具】

　　在【自定形状工具】 中有许多 Photoshop 自带的形状，选择该工具后，单击工具选项栏中的【形状】后的 按钮，即可打开形状库。然后选择形状库右上角的 按钮，在弹出的下拉列表中选择【全部】命令，在弹出的提示框中单击【确定】按钮，即可显示系统中存储的全部图形，如图 9-49 所示。

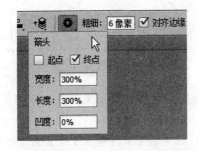

图 9-48　【直线工具】选项面板

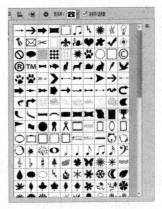

图 9-49　【自定形状工具】形状库

使用【自定形状工具】创建图形的方法比较简单,在单击【自定形状工具】后,在工具选项栏中单击【形状】右侧的按钮,在弹出的下拉列表中选择需要的形状,然后在工作界面中绘制相应的图形即可。

## 【实例 9-1】制作语音客服界面

下面将介绍制作语音客服界面的方法,效果如图 9-50 所示,其操作步骤如下。

(1) 启动软件,按 Ctrl+N 组合键,在弹出的对话框中将【宽度】、【高度】分别设置为 750、1334 像素,将【分辨率】设置为 96 像素/英寸,如图 9-51 所示。

(2) 设置完成后,单击【确定】按钮,在工具箱中单击【矩形工具】,在工具选项栏中将【工具模式】设置为【路径】,在工作界面中绘制一个与文档大小相同的矩形,效果如图 9-52 所示。

(3) 在工具箱中单击【渐变工具】,在工具选项栏中单击渐变条,在弹出的【渐变编辑器】对话框中将左侧色标的 RGB 值设置为 178、39、255,将右侧色标的 RGB 值设置为 39、205、253,如图 9-53 所示。

(4) 设置完成后,单击【确定】按钮,在【图层】面板中单击【创建新图层】按钮,新建一个图层,按 Ctrl+Enter 组合键将绘制的路径载入选区,在右下角单击鼠标,并按住鼠标向左上角进行拖动,填充渐变颜色,效果如图 9-54 所示。

【实例 9-1】制作语音客服界面.mp4

图 9-50　语音客服界面

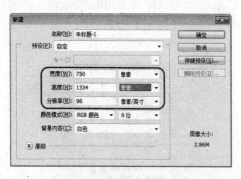

图 9-51　设置新建文档参数

图 9-52　绘制矩形

(5) 按 Ctrl+D 组合键取消选区,将"素材 07.png"素材文件置入文档中,并调整其位置,效果如图 9-55 所示。

(6) 在工具箱中单击【椭圆工具】,在工具选项栏中将【工具模式】设置为【形状】,将【填充】的 RGB 值设置为 255、255、255,将【描边】设置为无,在工作界面中按住 Shift

键绘制一个圆形，在【属性】面板中将 W、H 均设置为 144 像素，并调整其位置，效果如图 9-56 所示。

图 9-53　设置渐变颜色

图 9-54　新建图层并填充渐变颜色后的效果

图 9-55　将素材文件置入文档中

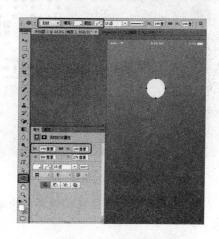

图 9-56　绘制圆形

(7) 将"素材 08.png"素材文件置入文档中，在文档中调整其位置，在【图层】面板中选中该图层，单击鼠标右键，在弹出的快捷菜单中选择【创建剪贴蒙版】命令，如图 9-57 所示。

(8) 在工具箱中单击【椭圆工具】 ，在工具选项栏中将【填充】设置为无，将【描边】设置为白色，将【描边宽度】设置为 2 点，在工作界面中按住 Shift 键绘制一个正圆，在【图层】面板中将【椭圆 2】的【不透明度】设置为 50%，如图 9-58 所示。

(9) 使用【移动工具】在空白位置单击鼠标，在工具箱中单击【自定形状工具】 ，在工具选项栏中将【填充】设置为白色，将【描边】设置为无，在【形状】下拉列表中选择【购物车】形状，如图 9-59 所示。

(10) 在工作界面中按住 Shift 键绘制图形，并调整其位置，效果如图 9-60 所示。

(11) 在工具箱中单击【横排文字工具】 ，在工作界面中单击鼠标，输入文字，并选中输入的文字，在【字符】面板中将【字体】设置为【Adobe 黑体 Std】，将【字体大小】设置为 14 点，将【颜色】设置为白色，效果如图 9-61 所示。

图 9-57　选择【创建剪贴蒙版】命令

图 9-58　绘制圆形并调整后的效果

图 9-59　选择形状

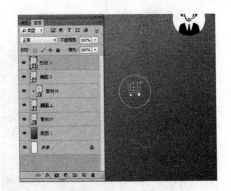

图 9-60　绘制图形后的效果

(12) 使用同样的方法在工作界面中绘制其他图形，并输入相应的文字，效果如图 9-62 所示。

图 9-61　输入文字并设置后的效果

图 9-62　绘制其他图形并输入文字后的效果

## 9.1.4 选择路径

本小节主要介绍【路径选择工具】和【直接选择工具】两种路径选择的方法。

### 1.【路径选择工具】

【路径选择工具】用于选择一个或几个路径并对其进行移动、组合、对齐、分布和变形操作。选择【路径选择工具】，或反复按 Shift+A 快捷键，其属性栏如图 9-63 所示。

图 9-63 【路径选择工具】属性栏

下面将介绍如何使用【路径选择工具】，操作步骤如下。

(1) 打开"素材\Cha09\素材 09.psd"素材文件，如图 9-64 所示。

(2) 在工具箱中单击【路径选择工具】，在工作界面中框选如图所示的图形，即可选中该图形的路径，可以看到路径上的锚点都是实心显示的，表示此路径可移动，如图 9-65 所示。

图 9-64 素材文件

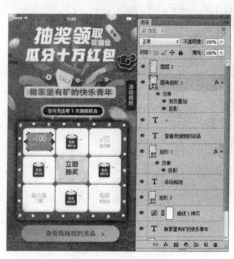

图 9-65 使用路径工具选择路径

(3) 按住 Alt 键拖动鼠标，即可对选中的图形进行复制，效果如图 9-66 所示。

(4) 使用同样的方法再次对图形进行复制，效果如图 9-67 所示。

> **提示**
>
> 在使用【路径选择工具】时，如果直接拖动鼠标，可以对选中的路径进行移动。

### 2.【直接选择工具】

【直接选择工具】用于移动路径中的锚点或线段，还可以调整手柄和控制点。路径的原始效果如图 9-68 所示，选择要调整的锚点，按住鼠标进行拖动，即可改变路径的形状，如图 9-69 所示。

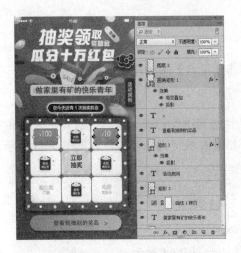

图 9-66　复制后的效果

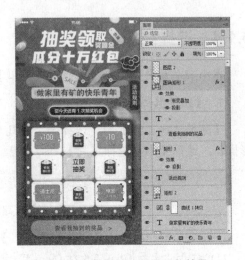

图 9-67　复制其他图形后的效果

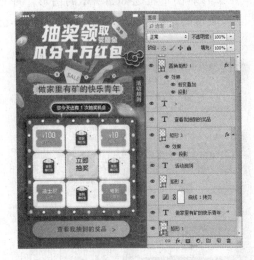

图 9-68　选择路径

图 9-69　调整路径后的效果

## 9.1.5　添加/删除锚点

本小节主要介绍【添加锚点工具】和【删除锚点工具】在路径中的使用方法,下面详细介绍这两种工具的使用方法。

### 1．【添加锚点工具】

【添加锚点工具】可以用于在路径上添加的新锚点。

(1) 在工具箱中单击【添加锚点工具】,在路径上单击,如图 9-70 所示。

(2) 添加锚点后,按住鼠标拖动锚点,即可对图形进行调整,如图 9-71 所示。

### 2．【删除锚点工具】

【删除锚点工具】用于删除路径上已经存在的锚点。

(1) 使用【直接选择工具】选择要进行调整的路径,如图 9-72 所示。

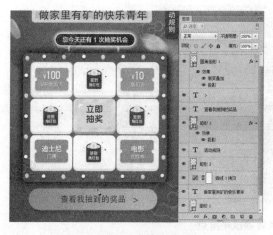

图 9-70　使用【添加锚点工具】

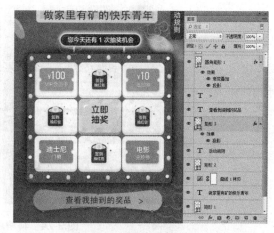

图 9-71　调整图形后的效果

(2) 在工具箱中单击【删除锚点工具】 ，在需要删除的锚点上单击鼠标，即可将该锚点删除，效果如图 9-73 所示。

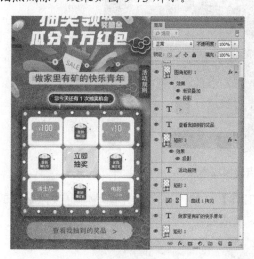

图 9-72　选择要调整的路径

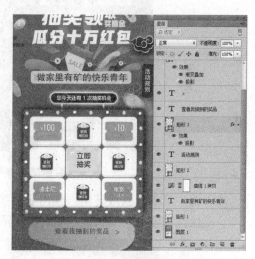

图 9-73　删除锚点后的效果

> **提示**
>
> 也可以在【钢笔工具】状态下，在工具选项栏中勾选【自动添加/删除】复选框，此时在路径上单击即可添加锚点，在锚点上单击即可删除锚点。

## 9.1.6　转换点工具

使用【转换点工具】 可以使锚点在角点、平滑点和转角之间进行转换。

◎　将角点转换成平滑点：使用【转换点工具】在锚点上单击并拖动鼠标，即可将角点转换成平滑点，如图 9-74 所示。

◎　将平滑点转换成角点：使用【转换点工具】直接在锚点上单击，即可将平滑点转换成角点，如图 9-75 所示。

图 9-74 将角点转换成平滑点

图 9-75 将平滑点转换成角点

◎ 将平滑点转换成转角：使用【转换点工具】，单击方向点并拖动，更改控制点的位置或方向线的长短，即可将平滑点转换成转角，如图 9-76 所示。

图 9-76 将平滑点转换成转角

路径编辑

初步绘制的路径往往不够完美，需要对局部或整体进行编辑，编辑路径的工具与修改路径的工具相同，下面来介绍编辑路径的方法。

## 9.2.1 将选区转换为路径

下面介绍将选区转换为路径的方法。

(1) 打开"素材\Cha09\素材 10.psd"素材文件，如图 9-77 所示。

(2) 在【图层】面板中选择【椭圆 4】图层，按住 Ctrl 键单击【椭圆 4】的缩略图，将其载入选区，如图 9-78 所示。

图 9-77　素材文件

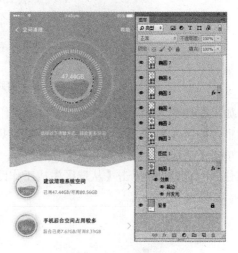

图 9-78　载入选区

(3) 打开【路径】面板，单击【从选区生成工作路径】按钮 ⬦，即可将选区转换为路径，如图 9-79 所示。

图 9-79　将选区转换为路径

### 9.2.2 路径和选区的转换

下面来介绍路径与选区之间的转换。

在【路径】面板中单击【将路径作为选区载入】按钮 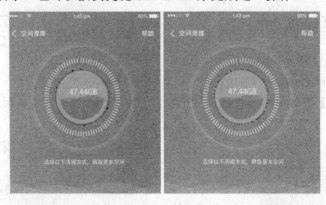，可以将路径转换为选区进行操作，如图 9-80 所示，也可以按快捷键 Ctrl+Enter 来完成这一操作。

图 9-80　将路径转换成选区

如果在按住 Alt 键的同时选择【将路径作为选区载入】按钮，则可弹出【建立选区】对话框，如图 9-81 所示。通过该对话框可以设置【羽化半径】等选项。

单击【从选区生成工作路径】按钮，可以将当前的选区转换为路径进行操作。如果在按住 Alt 键的同时单击【从选区生成工作路径】按钮，则可弹出【建立工作路径】对话框，如图 9-82 所示。

图 9-81　【建立选区】对话框

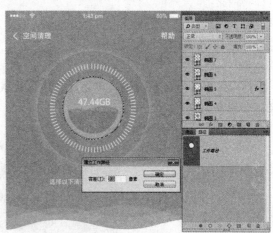

图 9-82　【建立工作路径】对话框

> **提示**
>
> 【建立工作路径】对话框中的【容差】是控制选区转换为路径时的精确度的，【容差】值越大，建立路径的精确度就越低；【容差】值越小，精确度就越高，但同时锚点也会增多。

## 9.2.3 描边路径

描边路径是指用绘画工具和修饰工具沿路径描边。下面来介绍描边路径的使用方法。

(1) 在工具箱中选择【画笔工具】 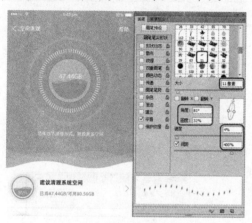，然后在菜单栏中选择【窗口】|【画笔】命令或按 F5 键打开【画笔】面板，在该面板中选择【柔边椭圆 11】，将【大小】【角度】【圆度】【硬度】【间距】分别设置为 11 像素、81°、32%、4%、400%，如图 9-83 所示。

(2) 在工具箱中单击【椭圆工具】，在工具箱中将【工具模式】设置为【路径】，在工作界面中绘制一个圆形，如图 9-84 所示。

图 9-83 设置画笔参数

图 9-84 绘制圆形

(3) 在【图层】面板中单击【创建新图层】按钮，新建一个图层，在【路径】面板中单击【用画笔描边路径】按钮 ○，即可为路径进行描边，如图 9-85 所示。

(4) 描边完成后，在【路径】面板中的空白位置单击鼠标，即可查看描边后的效果，如图 9-86 所示。

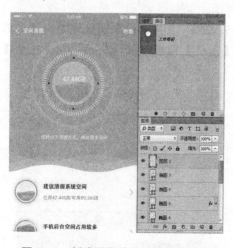

图 9-85 新建图层并用画笔描边路径

图 9-86 描边后的效果

> **提示**
>
> 　　在【路径】面板中选择一个路径后，单击【用画笔描边路径】按钮 ○ ，可以使用画笔工具的当前设置描边路径。再次单击该按钮会增加描边的不透明度，使描边看起来更粗。前景色可以控制描边路径的颜色。

　　除了上述方法外，读者还可以使用形状工具在路径上右击鼠标，在弹出的快捷菜单中选择【描边路径】命令，如图 9-87 所示。执行该操作后，将会打开【描边路径】对话框，如图 9-88 所示，单击【确定】按钮，同样也可以对路径进行描边。

图 9-87　选择【描边路径】命令

图 9-88　【描边路径】对话框

## 9.2.4　填充路径

　　下面来介绍填充路径的使用方法。

　　(1) 在工作界面中创建一个路径，如图 9-89 所示。

　　(2) 将【前景色】的 RGB 值设置为 255、255、255，在【路径】面板中单击【用前景色填充路径】按钮，即可为路径填充前景色，在【图层】面板中将【图层 2】拖曳至【图层 1】的上方，效果如图 9-90 所示。

图 9-89　创建路径

图 9-90　填充前景色后的效果

## 【实例 9-2】制作扁平化解锁图标

下面将介绍如何制作扁平化解锁图标，效果如图 9-91 所示，操作步骤如下。

(1) 按 Ctrl+O 快捷键，在弹出的对话框中选择"素材\Cha09\素材 11.psd"素材文件，单击【打开】按钮，如图 9-92 所示。

(2) 在工具箱中单击【画笔工具】，在【画笔预设】面板中选择【星形 70 像素】选项，如图 9-93 所示。

 【实 9-2】—制作扁平化解锁图标.mp4

图 9-91　扁平化解锁图标

图 9-92　素材文件

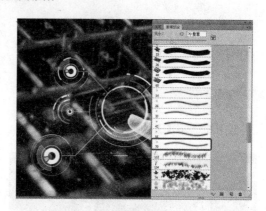

图 9-93　选择画笔预设

(3) 在【画笔】面板中将【大小】设置为 35 像素，在【图层】面板中选择【图层 1】，在工具箱中单击【椭圆工具】 ，在工具选项栏中将【工具模式】设置为【路径】，在工作界面中按住 Shift 键绘制一个正圆，在【属性】面板中将 W、H 均设置为 412 像素，将 X、Y 分别设置为 1292、812 像素，如图 9-94 所示。

(4) 在路径上右击鼠标，在弹出的快捷菜单中选择【描边路径】命令，如图 9-95 所示。

(5) 在弹出的对话框中将【工具】设置为【画笔】，如图 9-96 所示。

(6) 设置完成后，单击【确定】按钮，在【路径】面板中的空白位置单击，描边路径后的效果如图 9-97 所示。

(7) 再在工具箱中单击【椭圆工具】，在工作界面中按住 Shift 键绘制一个正圆，在【属性】面板中将 W、H 均设置为 454 像素，并调整路径的位置，效果如图 9-98 所示。

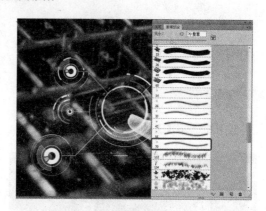

(8) 在工具箱中单击【画笔工具】，在【画笔】面板中将【间距】设置为 77%，如图 9-99 所示。

图 9-94　绘制圆形

图 9-95　选择【描边路径】命令

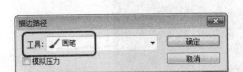

图 9-96　将【工具】设置为【画笔】

图 9-97　描边路径后的效果

图 9-98　绘制圆形

图 9-99　设置画笔间距

(9) 设置完成后，在工具箱中选择【椭圆工具】，在路径上右击鼠标，在弹出的快捷菜单中选择【描边路径】命令，在弹出的【描边路径】对话框中使用默认设置，单击【确定】按钮，并使用同样的方法在原位置再执行两次【描边路径】命令，完成后的效果如图 9-100 所示。

(10) 在工具箱中单击【画笔工具】，在【画笔预设】面板中选择【硬边圆】画笔预设，将【大小】设置为 35 像素，在工具箱中单击【钢笔工具】，在工具选项栏中将【工具模式】设置为【路径】，在工作界面中绘制如图 9-101 所示的路径。

图 9-100　描边路径后的效果

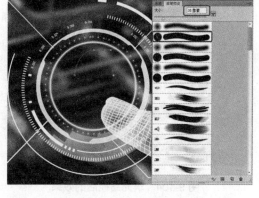
图 9-101　绘制路径

(11) 在【图层】面板中单击【创建新图层】按钮，新建一个图层，在【路径】面板中单击【用画笔描边路径】按钮，效果如图 9-102 所示。

(12) 在工具箱中单击【圆角矩形工具】，在工具选项栏中将【工具模式】设置为【路径】，在工作界面中绘制一个圆角矩形，在【属性】面板中将 W、H 分别设置为 312、216像素，将所有的圆角半径均设置为 35 像素，并调整其位置，效果如图 9-103 所示。

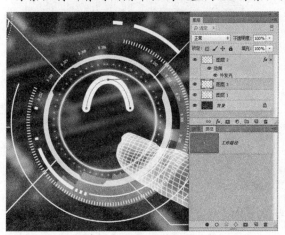
图 9-102　描边路径后的效果

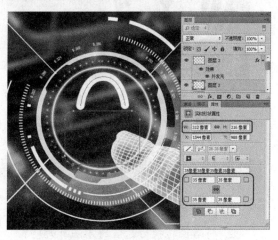
图 9-103　绘制圆角矩形

(13) 将【前景色】设置为白色，在【路径】面板中单击【用前景色填充路径】按钮，填充后的效果如图 9-104 所示。

(14) 在工具箱中单击【钢笔工具】，在工作界面中绘制如图 9-105 所示的图形。

(15) 按 Ctrl+Enter 快捷键，将路径载入选区，按 Delete 键将选区中的对象删除，效果如图 9-106 所示。

(16) 按 Ctrl+D 快捷键取消选区，在【图层】面板中双击【图层 3】，在弹出的【图层样式】对话框中勾选【外发光】复选框，将【混合模式】设置为【滤色】，将【不透明度】

设置为 75%，将【发光颜色】设置为白色，将【方法】设置为【柔和】，将【扩展】【大小】分别设置为 0、35 像素，将【范围】设置为 75%，如图 9-107 所示。

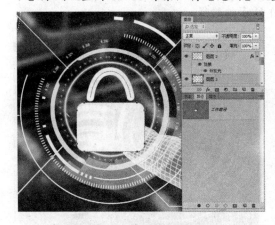

图 9-104　填充路径后的效果

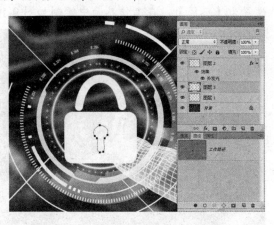

图 9-105　绘制图形后的效果

图 9-106　删除选区中对象后的效果

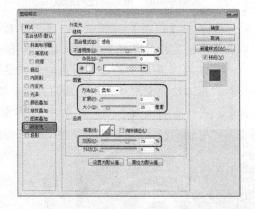

图 9-107　设置外发光参数

(17) 设置完成后，单击【确定】按钮，对完成后的场景进行保存即可。

## 习　题

1. 如何利用【转换点工具】实现平滑点与角点的转换？
2. 将路径转换为选区的方法有哪些？
3. 简述【钢笔工具】的作用与特点。

第 $\boxed{10}$ 章

## 设计网页宣传图——
## 滤镜在设计中的应用

本 章 要 点

**基础知识**
- ◆ 创建智能滤镜
- ◆ 编辑智能滤镜蒙版

**重点知识**
- ◆ 消失点
- ◆ 分层云彩

**提高知识**
- ◆ 液化
- ◆ 高斯模糊

本 章 导 读

　　滤镜是 Photoshop 中独特的工具，其菜单中有 100 多种滤镜，利用它们可以制作出各种各样的效果。在使用 Photoshop 中的滤镜特效处理图像的过程中，会发现滤镜特效太多了，不容易掌握，也不知道这些滤镜特效究竟适合处理什么样的图片，要解决这些问题，就必须先了解这些滤镜特效的基本功能和特性。本章将对常用的滤镜进行简单的介绍。

## 10.1 了解图像滤镜的基本知识

滤镜是 Photoshop 中最具吸引力的功能之一,它就像一个魔术师,可以把普通的图像变为效果非凡的视觉作品。滤镜不仅可以制作各种特效,还能模拟素描、油画、水彩等绘画效果。

### 10.1.1 认识滤镜

滤镜原本是摄影师安装在照相机前的过滤器,用来改变照片的拍摄方式,以产生特殊的拍摄效果。Photoshop 中的滤镜是一种插件模块,能够操纵图像中的像素。位图图像是由像素组成的,每一个像素都有其位置和颜色值,滤镜就是通过改变像素的位置或颜色来生成各种特殊效果的。如图 10-1 所示为原图像,图 10-2 所示是使用【拼贴】滤镜处理后的图像。

图 10-1　原图像

图 10-2　使用滤镜处理后的图像

Photoshop 的【滤镜】菜单中包含多种滤镜,如图 10-3 所示。其中,【滤镜库】【镜头校正】【液化】【油画】和【消失点】是特殊的滤镜,被单独列出,而其他滤镜则依据其主要的功能被放置在不同类别的滤镜组中,如图 10-4 所示。

| | |
|---|---|
| 图 10-3　【滤镜】下拉菜单 | 图 10-4　【滤镜】子菜单 |

## 10.1.2　滤镜的分类

Photoshop 中的滤镜可分为三种类型，第一种是修改类滤镜，它们可以修改图像中的像素，如【扭曲】【纹理】【素描】等滤镜，这类滤镜的数量最多；第二种是复合类滤镜，这类滤镜有自己独特的工具和操作方法，更像一个独立的软件，如 【液化】【消失点】和【滤镜库】，如图 10-5 所示。第三种是创造类滤镜，这类滤镜不需要借助任何像素便可以产生效果，如【镜头光晕】滤镜可以在透明的图层上生成镜头光晕效果，如图 10-6 所示，这类滤镜的数量最少。

| | |
|---|---|
| 图 10-5　滤镜库 | 图 10-6　【镜头光晕】滤镜 |

## 10.1.3　滤镜的使用规则

使用【滤镜】处理图层中的图像时，该图层必须是可见的。如果创建了选区，【滤镜】

只处理选区内的图像，如图 10-7 所示；没有创建选区，则滤镜处理当前图层中的全部图像，如图 10-8 所示。

图 10-7 对选区内图像使用滤镜 　　　　　　　　图 10-8 对全部图像使用滤镜

　　【滤镜】可以处理图层蒙版、快速蒙版和通道。

　　【滤镜】的处理效果是以像素为单位进行计算的，因此，相同的参数处理不同分辨率的图像，其效果也会不同。

　　在滤镜库中，只有【云彩】滤镜可以应用在没有像素的区域，其他滤镜都可以应用在包含像素的区域，在没有像素的区域则不能使用这些滤镜。如图 10-9 所示是在透明的图层上应用【镜头光晕】滤镜时弹出的警告提示框。

图 10-9 提示对话框

　　从图像的色彩模式来说，RGB 模式的图像可以使用全部的滤镜，CMYK 模式的图像只能用于部分滤镜，索引模式和位图模式的图像则不能使用滤镜。如果要对位图模式、索引模式或 CMYK 模式的图像应用一些特殊滤镜，可以先将它们转换为 RGB 模式，再进行处理。

## 10.1.4 滤镜的使用技巧

在使用滤镜处理图像时，以下技巧可以更好地完成操作。

(1) 选择一个滤镜命令后，【滤镜】菜单的第一行便会出现该滤镜的名称，如图 10-10 所示，单击或者按 Alt+Ctrl+F 快捷键可以快速应用某一滤镜。

(2) 在任意【滤镜】对话框中按住 Alt 键，对话框中的【取消】按钮都会变成【复位】按钮，如图 10-11 所示。单击【复位】按钮可以将滤镜的参数恢复到初始状态。

(3) 如果在选择滤镜的过程中想要终止滤镜，可以按 Esc 键。

图 10-10　显示滤镜名称

(4) 选择滤镜时通常会打开滤镜库或者相应的对话框，在预览框中可以预览滤镜效果，单击 ![-] 和 ![+] 按钮可以放大或缩小图像的显示比例。将光标移至预览框中，单击并拖动鼠标，可移动预览框内的图像，如图 10-12 所示。如果想要查看某一区域内的图像，则可将光标移至文档中，光标会呈现为一个方框形状，单击鼠标，滤镜预览框内将显示单击处的图像，如图 10-13 所示。

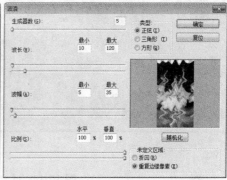

图 10-11　【取消】按钮与【复位】按钮

图 10-12　拖动鼠标查看图像　　　　图 10-13　在预览框中查看图像

(5) 使用滤镜处理图像后，可选择【编辑】|【渐隐】命令修改滤镜效果的混合模式和不

透明度。使用【渐隐】命令必须是在进行了编辑操作后立即选择，如果这中间又进行了其他操作，则无法使用该命令。

## 10.1.5 滤镜库

Photoshop 将【风格化】【画笔描边】【扭曲】【素描】【纹理】和【艺术效果】滤镜组中的主要滤镜整合在【滤镜库】对话框中。通过【滤镜库】可以将多个滤镜同时应用于图像，也可以对同一图像多次应用同一滤镜，并且还可以使用其他滤镜替换原有的【滤镜】。

选择【滤镜】|【滤镜库】命令，打开【滤镜库】对话框，如图 10-14 所示。对话框的左侧是滤镜效果预览区，中间是 6 组滤镜列表，右侧是参数设置区和效果图层编辑区。

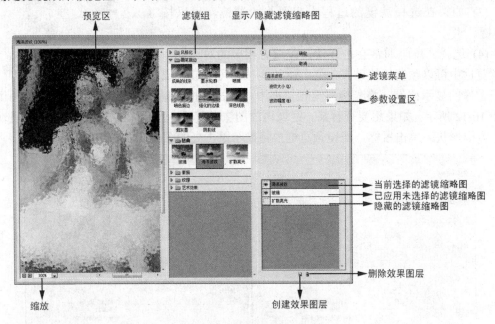

图 10-14　【滤镜库】对话框

◎ 　【预览区】：用来预览滤镜的效果。

◎ 　【滤镜组/参数设置区】：【滤镜库】中共包含 6 组滤镜，单击滤镜组前的▶按钮，即可展开该滤镜组，单击滤镜组中的一个滤镜即可使用该滤镜，与此同时，右侧的参数设置区内会显示该滤镜的参数选项。

◎ 　【当前选择的滤镜缩略图】：显示了当前使用的滤镜。

◎ 　【显示/隐藏滤镜缩略图】：单击⊗按钮，可以隐藏滤镜组，进而将空间留给图像预览区，再次单击则显示滤镜组。

◎ 　【滤镜菜单】：单击 海洋波纹 ，可在打开的下拉菜单中选择一个滤镜，这些滤镜是按照滤镜名称拼音的先后顺序排列的，如果想要使用某个滤镜，但不知道它在哪个滤镜组，便可以通过该下拉菜单进行选择。

◎ 　【缩放】：单击⊞按钮，可放大预览区图像的显示比例，单击⊟按钮，可缩小图像的显示比例，也可以在文本框中输入数值进行精确缩放。

## 10.2 为图像添加智能滤镜

智能滤镜是一种非破坏性的滤镜，它可以单独存在于图层面板中，并且可以对其进行操作，还可以随时进行删除或者隐藏，所有的操作都不会对图像造成破坏。

### 10.2.1 创建智能滤镜

对普通图层中的图像选择【滤镜】命令后，此效果将直接应用在图像上，原图像将遭到破坏；而对智能对象应用【滤镜】命令后，将会产生【智能滤镜】。【智能滤镜】中保留有为图像选择的任何【滤镜】命令和参数设置，这样就可以随时修改选择的【滤镜】参数，且原图像仍保留原有的数据。使用【智能滤镜】的具体操作如下。

(1) 打开"素材\Cha10\素材 02.psd"素材文件，如图 10-15 所示。

(2) 在【图层】面板中选择【图层 1】，在菜单栏中选择【滤镜】|【转换为智能滤镜】命令，此时会弹出系统提示对话框，如图 10-16 所示。

图 10-15　素材文件　　　　　　　图 10-16　系统提示对话框

(3) 单击【确定】按钮，将图层中的对象转换为智能对象，然后在菜单栏中选择【滤镜】|【滤镜库】命令，如图 10-17 所示。

(4) 在弹出的对话框中选择【艺术效果】下的【粗糙蜡笔】滤镜效果，将【描边长度】【描边细节】【缩放】【凸现】分别设置为 6、4、100%、20，将【纹理】设置为【画布】，将【光照】设置为【下】，如图 10-18 所示。

(5) 设置完成后，单击【确定】按钮，即可应用该滤镜效果，在【图层】面板中该图层的下方将会出现智能滤镜效果，如图 10-19 所示。

(6) 在【图层】面板中双击【双击以编辑滤镜混合选项】按钮，在弹出的对话框中将【模式】设置为【明度】，如图 10-20 所示。

(7) 设置完成后，单击【确定】按钮，即可完成滤镜混合模式的设置，效果如图 10-21 所示。

图 10-17　选择【滤镜库】命令

图 10-18　设置【粗糙蜡笔】参数

图 10-19　添加【智能滤镜】后的效果

图 10-20　设置混合模式

图 10-21　设置滤镜混合模式后的效果

**提示**

　　如果需要对添加的滤镜进行设置，可以在【图层】面板中双击添加的滤镜效果，然后在弹出的对话框中对其进行设置即可。

## 【实例 10-1】制作手机播放器背景

　　下面将介绍如何制作手机播放器背景，效果如图 10-22 所示，其操作步骤如下。

　　(1) 打开"素材\Cha10\素材 03.psd 与素材 04.jpg"素材文件，如图 10-23 所示。

　　(2) 在工具箱中单击【移动工具】▶️，在"素材 04"中按住鼠标将其拖曳

【实例 10-1】制作手机播放器背景.mp4

图 10-22　手机播放器背景

至"素材03"文档中，并调整其位置，在【图层】面板中将【图层2】调整至【图层1】的下方，效果如图 10-24 所示。

图 10-23　素材文件

图 10-24　调整图层位置与排列顺序

(3) 继续在【图层】面板中选择【图层 2】，在菜单栏中选择【滤镜】|【转换为智能滤镜】命令，如图 10-25 所示。

> **提示**
>
> 除了可以通过上述方法将图层转换为智能滤镜外，还可以在【图层】面板中选择要转换的图层，单击鼠标右键，在弹出的快捷菜单中选择【转换为智能对象】命令，执行该操作后，当为该图层添加滤镜效果时，同样会以智能滤镜的方式显示。

(4) 在弹出的提示对话框中单击【确定】按钮，在菜单栏中选择【滤镜】|【滤镜库】命令，如图 10-26 所示。

图 10-25　选择【转换为智能滤镜】命令

图 10-26　选择【滤镜库】命令

(5) 在弹出的对话框中选择【艺术效果】下的【粗糙蜡笔】滤镜效果，将【描边长度】、【描边细节】、【缩放】、【凸现】分别设置为 6、4、64%、2，将【纹理】设置为【粗麻布】，将【光照】设置为【下】，如图 10-27 所示。

(6) 设置完成后，单击【确定】按钮，在【图层】面板中双击【滤镜库】右侧的【双击以编辑滤镜混合选项】按钮 ，在弹出的对话框中将【模式】设置为【滤色】，将【不透明度】设置为 72%,如图 10-28 所示。

(7) 设置完成后,单击【确定】按钮,继续选中【图层 2】,在菜单栏中选择【滤镜】|
【模糊】|【高斯模糊】命令,如图 10-29 所示。

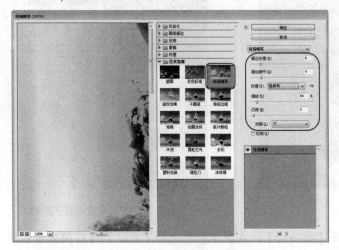

图 10-27　设置【粗糙蜡笔】参数　　　　　　　图 10-28　设置滤镜混合模式

(8) 在弹出的【高斯模糊】对话框中将【半径】设置为 112 像素,如图 10-30 所示。

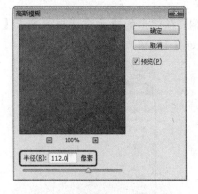

图 10-29　选择【高斯模糊】命令　　　　　　　图 10-30　设置高斯模糊半径

(9) 设置完成后,单击【确定】按钮,即可完成播放器背景的制作。

## 10.2.2　停用/启用智能滤镜

单击智能滤镜前的 👁 图标可以使滤镜停用,图像恢复为原始状态,如图 10-31 所示。
或者选择菜单栏中的【图层】|【智能滤镜】|【停用智能滤镜】命令,如图 10-32 所示,也
可以将该滤镜停用。

如果需要恢复使用滤镜,选择菜单栏中的【图层】|【智能滤镜】|【启用智能滤镜】命
令,如图 10-33 所示,即可启用该滤镜。或者在 👁 图标位置处单击鼠标左键,也可恢复
使用。

图 10-31　停用智能滤镜

图 10-32　选择【停用智能滤镜】命令

图 10-33　选择【启用智能滤镜】命令

### 10.2.3　编辑智能滤镜蒙版

当将【智能滤镜】应用于某个智能对象时，在【图层】面板中该智能对象下方的【智能滤镜】上会显示一个蒙版缩略图。默认情况下，此蒙版显示完整的滤镜效果。如果在应用【智能滤镜】前已建立选区，则会在【图层】面板中的【智能滤镜】行上显示适当的蒙版而非一个空白蒙版。

滤镜蒙版的工作方式与图层蒙版非常相似，可以对它们进行绘画，用黑色绘制的滤镜区域将隐藏，用白色绘制的区域将可见，如图 10-34 所示。

图 10-34　编辑蒙版后的效果

### 10.2.4　删除智能滤镜蒙版

删除智能滤镜蒙版的操作方法有以下 3 种。

◎ 将【图层】面板中的滤镜蒙版缩略图拖曳至面板下方的【删除图层】按钮 🗑 上，
释放鼠标左键。

◎ 单击【图层】面板中的滤镜蒙版缩略图，将其设置为工作状态，然后单击【属性】
面板中的【删除蒙版】按钮 🗑 。

◎ 选择【智能滤镜】效果，并选择【图层】|【智能滤镜】|【删除滤镜蒙版】命令。

### 10.2.5 清除智能滤镜

清除【智能滤镜】的方法有两种，选择菜单栏中的【图层】|【智能滤镜】|【清除智能
滤镜】命令，如图 10-35 所示，即可清除智能滤镜。或者将智能滤镜拖动至【图层】面板下
方【删除图层】按钮 🗑 上，也可清除智能滤镜。

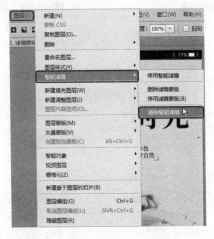

图 10-35　清除智能滤镜

10.3 为图像添加特效

### 10.3.1 镜头校正

【镜头校正】滤镜可修复常见的镜头瑕疵、色差和晕影
等，也可以修复由于相机垂直或水平倾斜而导致的图像透视
现象。

(1) 按 Ctrl+O 快捷键，在弹出的对话框中打开"素材\
Cha10\素材 05.psd"素材文件，如图 10-36 所示。

(2) 在【图层】面板中选择【图层 1】，在菜单栏中选择
【滤镜】|【镜头校正】命令，弹出【镜头校正】对话框，如
图 10-37 所示。其中左侧是工具栏，中间部分是预览窗口，右
侧是参数设置区域。

(3) 在【镜头校正】对话框中将【相机制造商】设置为
Canon，勾选【晕影】复选框，如图 10-38 所示。

图 10-36　素材文件

图 10-37 【镜头校正】对话框

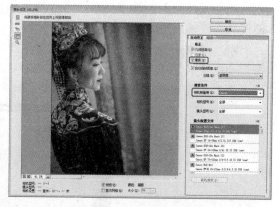

图 10-38 设置校正参数

(4) 再在该对话框中切换至【自定】选项卡，将【移去扭曲】设置为 16，将【垂直透视】【水平透视】分别设置为-10、-17，将【角度】设置为 7.11°，将【比例】设置为 96%，如图 10-39 所示。

(5) 设置完成后，单击【确定】按钮，即可完成对素材文件的校正，效果如图 10-40 所示。

图 10-39 自定义校正参数

图 10-40 校正后的效果

> **提示**
>
> 用户除了可以通过【自定】选项卡中的参数进行设置外，还可以通过左侧工具栏中的各个工具进行调整。

### 知识链接：镜头校正

【镜头校正】对话框中的【自定】选项卡下的各个参数的功能如下。

- 【移去扭曲】：该参数用于校正镜头桶形或枕形失真的图像。移动滑块可拉直从图像中心向外弯曲或向图像中心弯曲的水平和垂直线条。也可以使用【移去扭曲工具】 来进行此校正。向图像的中心拖动可校正枕形失真，而向图像的边缘拖动可校正桶形失真。

- 【色差】选项组：该选项组中的参数可以通过相对其中一个颜色通道来调整另一个颜色通道的大小，来补偿边缘。

● 【数量】：该参数用于设置沿图像边缘变亮或变暗的程度，从而校正由于镜头缺陷或镜头遮光处理不正确而导致拐角较暗、较亮的图像。

● 【中点】：用于指定受【数量】滑块影响的区域的宽度。如果指定较小的数，则会影响较多的图像区域；如果指定较大的数，则只会影响图像的边缘，如图 10-41 左图为【数量】设置为 67，【中点】为 15 时的效果，右图为【中点】为 100 时的效果。

图 10-41　设置中点参数后的效果

● 【垂直透视】：该参数用于校正由于相机向上或向下倾斜而导致的图像透视，使图像中的垂直线平行。

● 【水平透视】：该参数用于校正图像透视，并使水平线平行。

● 角度：该参数用于旋转图像以针对相机歪斜加以校正，或在校正透视后进行调整。也可以使用【拉直工具】 来进行此校正。

● 【比例】：该参数用于向上或向下调整图像缩放。图像像素尺寸不会改变。主要用途是移去由于枕形失真、旋转或透视校正而产生的图像空白区域。

## 10.3.2　液化

【液化】滤镜可用于推、拉、旋转、反射、折叠和膨胀图像的任意区域。【液化】滤镜是修饰图像和创建艺术效果的强大工具，使用该滤镜可以非常灵活地创建推拉、扭曲、旋转、收缩等变形效果。下面介绍【液化】滤镜的使用方法。

(1) 打开"素材\Cha10\素材 06.psd"素材文件，如图 10-42 所示。

(2) 在【图层】面板中选择【图层 1】，选择【滤镜】|【液化】命令，打开【液化】对话框，如图 10-43 所示，在此对话框中可以调整相应的参数，对图像进行修饰。

### 1. 使用变形工具

【液化】对话框中包含各种变形工具，选择这些工具后，在对话框中的图像上单击并拖动鼠标涂抹即可进行变形处理，变形效果将集中在画笔区域的中心，并且会随着鼠标在某个区域中的重复拖动而得到增强。

◎ 【向前变形工具】 ：拖动鼠标时可以向前推动像素，如图 10-44 所示。

◎ 【重建工具】 ：在变形的区域单击或拖动鼠标进行涂抹，可以恢复图像，如

图 10-45 所示。

图 10-42 素材文件

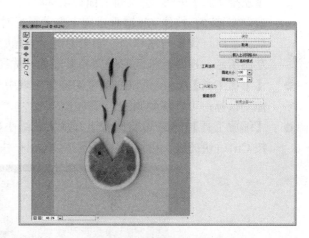

图 10-43 【液化】对话框

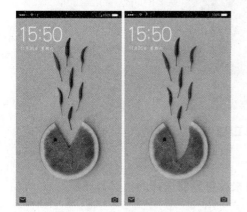

图 10-44 使用【向前变形工具】

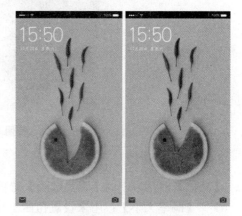

图 10-45 使用【重建工具】

◎ 【褶皱工具】 ：在图像中单击或拖动鼠标可以使像素向画笔区域的中心移动，使图像产生向内收缩的效果，如图 10-46 所示。

◎ 【膨胀工具】 ：在图像中单击或拖动鼠标可以使像素向画笔区域中心以外的方向移动，使图像产生向外膨胀的效果，如图 10-47 所示。

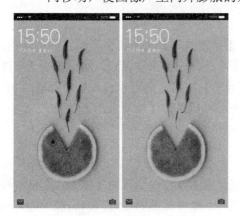

图 10-46 使用【褶皱工具】

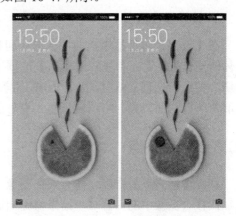

图 10-47 使用【膨胀工具】产生膨胀效果

◎ 【左推工具】：垂直向上拖动鼠标时，像素向左移动；向下拖动鼠标时，则像素向右移动；按住 Alt 键垂直向上拖动鼠标时，像素向右移动；按住 Alt 键向下拖动鼠标时，像素向左移动。如果围绕对象顺时针拖动，则可增大图像，如图 10-48 左图所示，逆时针拖动时则减小其图像，如图 10-48 右图所示。

◎ 【手抓工具】：可以在图像的操作区域中对图像进行拖动并查看。按住空格键拖动鼠标，可以移动画面。

◎ 【缩放工具】：可将图像进行放大或缩小显示。也可以通过快捷键来操作，如按 Ctrl++快捷键，可以放大视图；按 Ctrl+-快捷组合键，可以缩小视图。

图 10-48  使用【左推工具】后的效果

### 2. 设置工具选项

【液化】对话框中的【工具选项】选项组用来设置当前选择的工具的属性。

◎ 【画笔大小】：用来设置扭曲工具的画笔大小。

◎ 【画笔压力】：用来设置扭曲速度，范围为 1～100。较低的压力可以减慢变形速度，因此，更易于对变形效果进行控制。

◎ 【重建选项】：用于重建工具，选取的模式决定了该工具如何重建预览图像的区域。

◎ 【光笔压力】：当计算机配置有数位板和压感笔时，勾选该复选框可通过压感笔的压力控制工具。

### 3. 设置重建选项

在【液化】对话框中扭曲图像时，可以通过【重建选项】选项组来撤销所做的变形。具体的操作方法是：首先在【模式】选项下拉列表中选择一种重建模式，然后单击【重建】按钮，按照所选模式恢复图像，如果连续单击【重建】按钮，则可以逐步恢复图像。如果要取消所有扭曲效果，将图像恢复为变形前的状态，可以单击【恢复全部】按钮。

## 10.3.3  消失点

利用【消失点】将以立体方式在图像中的透视平面上工作。当使用【消失点】来修饰、添加或移去图像中的内容时，结果将更加逼真，因为系统可正确确定这些编辑操作的方向，并且将它们缩放到透视平面。

　　【消失点】是一个特殊的滤镜，它可以在包含透视平面(如建筑物侧面或任何矩形对象)的图像中进行透视校正编辑。使用【消失点】滤镜时，首先要在图像中指定透视平面，然后进行绘画、仿制、复制或粘贴以及变换等操作，所有的操作都采用该透视平面来处理，Photoshop 可以确定这些编辑操作的方向，并将它们缩放到透视平面，因此，可以使编辑结果更加逼真。【消失点】对话框如图 10-49 所示，其各项参数介绍如下。

　◎　【编辑平面工具】![img]：用来选择、编辑、移动平面的节点以及调整平面的大小。

　◎　【创建平面工具】![img]：用来定义透视平面的四个角节点，创建了四个角节点后，可以移动、缩放平面或重新确定其形状。按住 Ctrl 键拖动平面的边节点可以拉出一个垂直平面。

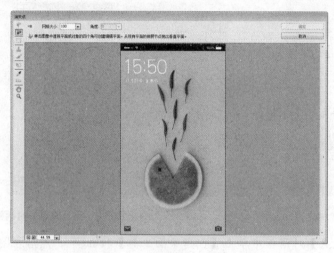

图 10-49　【消失点】对话框

　◎　【选框工具】![img]：在平面上单击并拖动鼠标可以选择图像。选择图像后，将光标移至选区内，按住 Alt 键拖动可以复制网像，按住 Ctrl 键拖动选区，则可以用源图像填充该区域。

　◎　【图章工具】![img]：选择该工具后，按住 Alt 键在图像中设置取样点，然后在其他区域单击并拖动鼠标即可复制图像。按住 Shift 键单击可以将描边扩展到上一次单击处。

**提示**

　　选择【图章工具】后，可以在对话框顶部的选项中选择一种修复模式。如果要绘画而不与周围像素的颜色、光照和阴影混合，应选择【关】；如果要绘画并将描边与周围像素的光照混合，同时保留样本像素的颜色，应选择【亮度】；如果要绘画并保留样本图像的纹理，同时与周围像素的颜色、光照和阴影混合，应选择【开】。

　◎　【画笔工具】![img]：可在图像上绘制选定的颜色。

　◎　【变换工具】![img]：使用该工具时，可以通过移动定界框的控制点来缩放、旋转和移动浮动选区，类似于在矩形选区上使用【自由变换】命令。

　◎　【吸管工具】![img]：可拾取图像中的颜色作为画笔工具的绘画颜色。

　◎　【测量工具】![img]：可在平面中测量项目的距离和角度。

◎ 【抓手工具】👋：放大图像的显示比例后，使用该工具可在窗口内移动图像。

◎ 【缩放工具】🔍：在图像上单击，可放大图像的视图；按住 Alt 键单击，则缩小视图。

下面通过实际的操作介绍【消失点】滤镜的使用。

(1) 按 Ctrl+O 快捷键，打开"素材\Cha10\素材 06.psd"素材文件，如图 10-50 所示。

(2) 在【图层】面板中选择【图层 1】，选择菜单栏中的【滤镜】|【消失点】命令，弹出【消失点】对话框，如图 10-51 所示。

图 10-50　素材文件

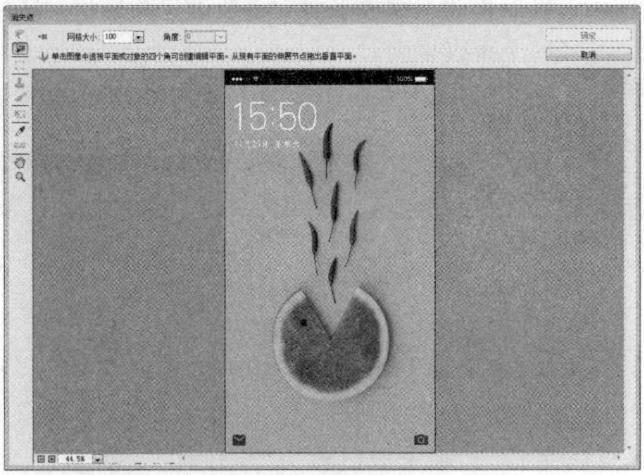

图 10-51　【消失点】对话框

(3) 在【消失点】对话框中单击【创建平面工具】按钮 ⊞，然后在图像中多次单击鼠标创建一个平面，如图 10-52 所示。

(4) 再在该对话框中单击【选框工具】按钮 ⬚，在绘制的矩形框中单击鼠标左键拖曳创建一个矩形选框，在工具选项栏中将【修复】设置为【开】，将【移动模式】设置为【源】，如图 10-53 所示。

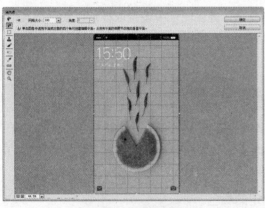
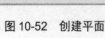

图 10-52　创建平面

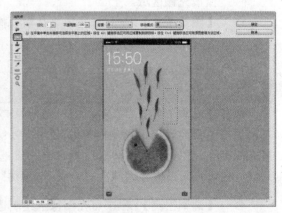

图 10-53　绘制矩形选框

(5) 在该预览窗口中按住 Alt 键拖动矩形选框，将选区移动至要复制的源对象上，如图 10-54 所示。

(6) 复制完成后，使用同样的方法复制其他对象，单击【确定】按钮，即可完成【消失点】滤镜的应用，效果如图 10-55 所示。

图 10-54　复制内容

图 10-55　使用【消失点】后的效果

## 10.3.4　【风格化】滤镜

风格化滤镜组中包含 9 种滤镜，它们可以置换像素、查找并增加图像的对比度，产生绘画和印象派风格的效果。这 9 种滤镜分别是：查找边缘、等高线、风、浮雕效果、扩散、拼贴、曝光过度、凸出、照亮边缘。下面将分别对它们进行具体介绍。

### 1. 查找边缘

使用该滤镜可以将图像的高反差区变亮，低反差区变暗，并使图像的轮廓清晰化。像描画【等高线】滤镜一样，【查找边缘】滤镜用相对于白色背景的黑色线条勾勒图像的边缘，这对于生成图像周围的边界非常有用。选择【滤镜】|【风格化】|【查找边缘】命令，即可应用【查找边缘】滤镜。【查找边缘】滤镜的对比效果如图 10-56 所示。

图 10-56　使用【查找边缘】滤镜前后效果对比

**2. 等高线**

【等高线】滤镜可以查找并为每个颜色通道淡淡地勾勒主要亮度区域的转换，以获得与等高线图中的线条类似的效果。选择【滤镜】|【风格化】|【等高线】命令，在弹出的【等高线】对话框中对图像的色阶进行调整后，单击【确定】按钮，即可应用【等高线】滤镜。【等高线】滤镜的对比效果如图 10-57 所示。

图 10-57　使用【等高线】滤镜前后效果对比

**3. 风**

【风】滤镜可在图像中增加一些细小的水平线来模拟风吹效果，方法包括【风】、【大风】(用于获得更生动的风效果)和【飓风】(使图像中的风线条发生偏移)等几种。选择【滤镜】|【风格化】|【风】命令，在弹出的【风】对话框中进行各项设置后，即可为图像制作出风吹的效果。【风】滤镜的对比效果如图 10-58 所示。

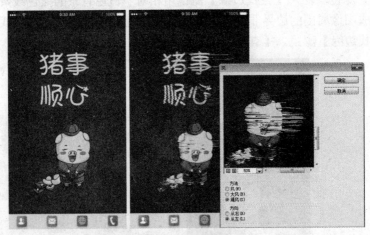

图 10-58　使用【风】滤镜前后效果对比

**4. 浮雕效果**

使用【浮雕效果】将选区的填充色转换为灰色，并用原填充色描画边缘，从而使选区显得凸起或压低。

选择【滤镜】|【风格化】|【浮雕效果】命令，打开【浮雕效果】对话框，在该对话框中进行设置，即可应用【浮雕效果】滤镜。使用该滤镜的对比效果如图10-59所示。

图10-59　使用【浮雕效果】滤镜前后效果对比

该对话框中的选项包括【角度】(从-360°使表面压低，+360°使表面凸起)、【高度】和选区中颜色数量的百分比(1%~500%)。

若要在进行浮雕处理时保留颜色和细节，可在应用【浮雕效果】滤镜之后使用【渐隐】命令。

**提示**

可以在菜单栏中单击【编辑】按钮，在弹出的下拉列表中选择【渐隐】命令。

### 5. 扩散

根据【扩散】对话框的选项搅乱选区中的像素，可使选区显得十分聚焦。

选择【滤镜】|【风格化】|【扩散】命令，打开【扩散】对话框，在该对话框中进行设置，即可应用【扩散】滤镜。使用【扩散】滤镜的对比效果如图10-60所示。

图10-60　使用【扩散】滤镜前后效果对比

【扩散】对话框中各项功能如下。

◎ 【正常】：该选项可以将图像的所有区域进行扩散，与原图像的颜色值无关。

◎ 【变暗优先】：该选项可以将图像中较暗区域的像素进行扩散，用较暗的像素替换较亮的区域。

◎ 【变亮优先】：该选项与【变暗优先】选项相反，是将亮部的像素进行扩散。

◎ 【各向异性】：该选项可在颜色变化最小的方向上搅乱像素。

### 6. 拼贴

该滤镜将图像分解为一系列拼贴，使选区偏移原有的位置。可以选取下列对象填充拼贴之间的区域：【背景色】、【前景色】、图像的反转版本或图像的未改版本，它们可使拼贴的版本位于原版本之上并露出原图像中位于拼贴边缘下面的部分。

下面将介绍如何使用【拼贴】滤镜，操作步骤如下。

(1) 按 Ctrl+O 快捷键，打开 "素材\Cha10\素材 07.psd" 素材文件，如图 10-61 所示。

(2) 在工具箱中将【前景色】的 RGB 值设置为 255、255、255，在菜单栏中选择【滤镜】|【风格化】|【拼贴】命令，如图 10-62 所示。

图 10-61　素材文件

图 10-62　选择【拼贴】命令

(3) 在弹出的对话框中将【拼贴数】设置为 10，将【最大移位】设置为 10%，选中【前景颜色】单选按钮，如图 10-63 所示。

(4) 设置完成后，单击【确定】按钮，即可完成【拼贴】滤镜的应用，效果如图 10-64 所示。

【拼贴】对话框中各选项的功能如下。

◎ 【拼贴数】：可以设置在图像中使用的拼贴块的数量。

◎ 【最大位移】：可以设置图像中的拼贴块的间隙的大小。

◎ 【背景色】：可以将拼贴块之间的间隙的颜色填充为背景色。

◎ 【前景颜色】：可以将拼贴块之间的间隙的颜色填充为前景色。

◎ 【反向图像】：可以将间隙的颜色设置为与原图像相反的颜色。

◎ 【未改变的图像】：可以将图像间隙的颜色设置为图像汇总的原颜色，设置拼贴后的图像不会有很大的变化。

图 10-63　设置拼贴参数　　　　　　图 10-64　添加【拼贴】滤镜后的效果

### 7. 曝光过度

该滤镜混合负片和正片图像，类似于显影过程中将摄影照片短暂曝光。选择【滤镜】|
【风格化】|【曝光过度】命令，即可应用【曝光过度】滤镜。使用【曝光过度】滤镜的效
果对比如图 10-65 所示。

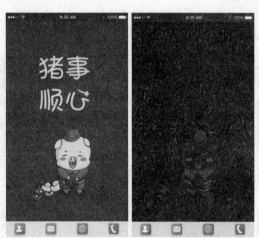

图 10-65　使用【曝光过度】滤镜前后效果对比

### 8. 凸出

该滤镜可以将图像分割为指定的三维立方块或棱锥体(此滤镜不能应用在 Lab 模式下)。
下面将介绍如何应用【凸出】滤镜效果，其操作步骤如下。

(1) 在菜单栏中选择【滤镜】|【风格化】|【凸出】命令，如图 10-66 所示。

(2) 在弹出的对话框中选中【块】单选按钮，将【大小】、【深度】分别设置为 10 像
素、20，如图 10-67 所示。

(3) 设置完成后，单击【确定】按钮，即可为素材文件添加【凸出】滤镜效果，如
图 10-68 所示。

图 10-66　选择【凸出】命令　　　图 10-67　设置凸出参数　　　图 10-68　应用【凸出】滤镜后的效果

### 9. 照亮边缘

标识颜色的边缘，并向其添加类似霓虹灯的光亮。此滤镜可累积使用。下面将介绍如何应用【照亮边缘】滤镜效果，其具体操作步骤如下。

(1) 在菜单栏中选择【滤镜】|【滤镜库】命令，在弹出的对话框中选择【风格化】下的【照亮边缘】滤镜，如图 10-69 所示。

(2) 可以在该对话框的右侧设置【照亮边缘】的参数，设置完成后，单击【确定】按钮，即可应用【照亮边缘】滤镜效果，如图 10-70 所示。

图 10-69　选择【照亮边缘】滤镜　　　　图 10-70　应用【照亮边缘】
　　　　　　　　　　　　　　　　　　　　　　滤镜后的效果

## 10.3.5　【画笔描边】滤镜

【画笔描边】滤镜组中包含 8 种滤镜，它们当中的一部分滤镜通过不同的油墨和画笔勾画图像产生绘画效果，有些滤镜可以添加颗粒、绘画、杂色、边缘细节或纹理。这些滤镜不能用于 Lab 和 CMYK 模式的图像。使用画笔描边滤镜组中的滤镜时，需要打开【滤镜库】进行选择。下面将介绍如何应用【画笔描边】滤镜组中的滤镜。

### 1. 成角的线条

【成角的线条】滤镜可以用一个方向的线条绘制亮部区域，用相反方向的线条绘制暗部区域，通过对角描边重新绘制图像，下面介绍【成角的线条】滤镜的使用。

(1) 按 Ctrl+O 快捷键，打开"素材\Cha10\素材 08.psd"素材文件，在【图层】面板中选择【图层 1】，在菜单栏中选择【滤镜】|【滤镜库】命令，弹出【滤镜库】对话框，选择【画笔描边】下的【成角的线条】滤镜，将【方向平衡】、【描边长度】、【锐化程度】分别设置为 49、18、1，如图 10-71 所示。

(2) 设置完成后，单击【确定】按钮，即可为素材文件应用该滤镜效果，前后对比效果如图 10-72 所示。

图 10-71 选择滤镜并设置其参数

图 10-72 使用【成角的线条】滤镜的
前后效果对比

### 2. 墨水轮廓

【墨水轮廓】滤镜效果是以钢笔画的风格，用纤细的线条在原细节上重绘图像，下面将介绍如何使用【墨水轮廓】滤镜效果。

(1) 在菜单栏中选择【滤镜】|【滤镜库】命令，在弹出的对话框中选择【画笔描边】下的【墨水轮廓】滤镜，将【描边长度】、【深色强度】、【光照强度】分别设置为 1、0、45，如图 10-73 所示。

(2) 设置完成后，单击【确定】按钮，即可为素材文件应用该滤镜效果，前后对比效果如图 10-74 所示。

### 3. 喷溅

【喷溅】滤镜能够模拟喷枪，使图像产生笔墨喷溅的艺术效果，下面将介绍如何使用【喷溅】滤镜效果。

(1) 在菜单栏中选择【滤镜】|【滤镜库】命令，在弹出的对话框中选择【画笔描边】下的【喷溅】滤镜，将【喷色半径】、【平滑度】分别设置为 24、3，如图 10-75 所示。

(2) 设置完成后，单击【确定】按钮，即可为素材文件应用该滤镜效果，前后对比效果如图 10-76 所示。

图 10-73　选择滤镜并设置其参数

图 10-74　使用【墨水轮廓】滤镜的
前后效果对比

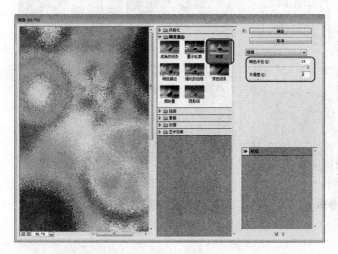

图 10-75　设置【喷溅】滤镜参数

图 10-76　使用【喷溅】滤镜的
前后效果对比

### 4. 喷色描边

【喷色描边】滤镜可以使用图像的主导色，用成角的、喷溅的颜色线条重新绘画图像，下面将介绍如何使用【喷色描边】滤镜效果。

(1) 在菜单栏中选择【滤镜】|【滤镜库】命令，在弹出的对话框中选择【画笔描边】下的【喷色描边】滤镜，将【描边长度】、【喷色半径】分别设置为 2、15，将【描边方向】设置为【右对角线】，如图 10-77 所示。

(2) 设置完成后，单击【确定】按钮，即可为素材文件应用该滤镜效果，前后对比效果如图 10-78 所示。

### 5. 强化的边缘

【强化的边缘】滤镜可以强化图像边缘。设置高的边缘亮度控制值时，强化效果类似白色粉笔；设置低的边缘亮度控制值时，强化效果类似黑色油墨，下面将介绍【强化的边缘】滤镜效果的应用，其操作步骤如下。

(1) 在菜单栏中选择【滤镜】|【滤镜库】命令，在弹出的对话框中选择【画笔描边】下的【强化的边缘】滤镜，将【边缘宽度】、【边缘亮度】、【平滑度】分别设置为2、38、12，如图10-79所示。

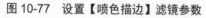

图 10-77　设置【喷色描边】滤镜参数

图 10-78　使用【喷色描边】滤镜的前后效果对比

(2) 设置完后，单击【确定】按钮，即可为素材文件应用该滤镜效果，前后对比效果如图10-80所示。

图 10-79　设置【强化的边缘】滤镜参数

图 10-80　使用【强化的边缘】滤镜的前后效果对比

### 6. 深色线条

【深色线条】滤镜会将图像的暗部区域与亮部区域分别进行不同的处理，暗部区域将会用深色线条进行绘制，亮部区域将会用长的白色线条进行绘制。下面将介绍如何使用【深色线条】滤镜效果，其操作步骤如下。

(1) 在菜单栏中选择【滤镜】|【滤镜库】命令，在弹出的对话框中选择【画笔描边】下的【深色线条】滤镜，将【平衡】、【黑色强度】、【白色强度】分别设置为10、0、10，

如图 10-81 所示。

(2) 设置完成后，单击【确定】按钮，即可为素材文件应用该滤镜效果，前后对比效果
如图 10-82 所示。

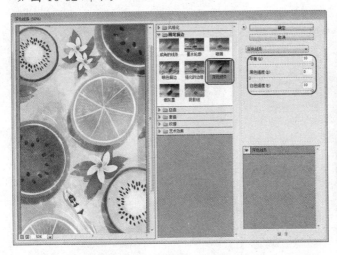

图 10-81　设置【深色线条】滤镜参数

图 10-82　使用【深色线条】滤镜
的前后效果对比

**7. 烟灰墨**

【烟灰墨】滤镜效果是以日本画的风格绘画图像，看起来像是用蘸满油墨的画笔在宣
纸上绘画。【烟灰墨】使用非常黑的油墨来创建柔和的模糊边缘。下面将介绍如何使用【烟
灰墨】滤镜效果，其操作步骤如下。

(1) 在菜单栏中选择【滤镜】|【滤镜库】命令，在弹出的对话框中选择【画笔描边】下
的【烟灰墨】滤镜，将【描边宽度】、【描边压力】、【对比度】分别设置为 15、1、1，
如图 10-83 所示。

(2) 设置完成后，单击【确定】按钮，即可为选中的图像应用该滤镜效果，前后对比效
果如图 10-84 所示。

图 10-83　设置【烟灰墨】滤镜参数

图 10-84　使用【烟灰墨】滤镜的
前后效果对比

### 8. 阴影线

【阴影线】滤镜效果保留原始图像的细节和特征，同时使用模拟的铅笔阴影线添加纹理，并使彩色区域的边缘变粗糙。下面将介绍如何使用该滤镜效果，其操作步骤如下。

(1) 在菜单栏中选择【滤镜】|【滤镜库】命令，在弹出的对话框中选择【画笔描边】下的【阴影线】滤镜，将【描边长度】、【锐化程度】、【强度】分别设置为 26、8、2，如图 10-85 所示。

(2) 设置完成后，单击【确定】按钮，即可为选中的图像应用该滤镜效果，前后对比效果如图 10-86 所示。

图 10-85 设置【阴影线】滤镜参数

图 10-86 使用【阴影线】滤镜的前后效果对比

> **提示**
>
> 【强度】选项(使用值 1 到 3)用来确定使用阴影线的遍数。

## 10.3.6 【模糊】滤镜

【模糊】滤镜组中包含 14 种滤镜，它们可以使图像产生模糊效果。在去除图像的杂色，或者创建特殊效果时会经常用到此类滤镜。下面就为大家介绍主要的几种【模糊】滤镜的使用方法。

### 1. 场景模糊

使用【场景模糊】通过定义具有不同模糊量的多个模糊点来创建渐变的模糊效果。将多个图钉添加到图像，并指定每个图钉的模糊量，即可设置【场景模糊】滤镜效果。下面将介绍如何应用【场景模糊】滤镜效果，其操作步骤如下。

(1) 按 Ctrl+O 快捷键，打开"素材\Cha10\素材 09.psd"素材文件，如图 10-87 所示。

(2) 在菜单栏中选择【滤镜】|【模糊】|【场景模糊】命令，如图 10-88 所示。

(3) 执行该命令后，在工作界面中添加模糊控制点，用户可以按住模糊控制点进行拖动，还可以在选中模糊控制点后，在【模糊工具】面板中通过【场景模糊】下的【模糊】参数来控制模糊效果，如图 10-89 所示。

图 10-87　素材文件

图 10-88　选择【场景模糊】命令

　　(4) 设置完成后，在工具选项栏中单击【确定】按钮，即可应用该滤镜效果，如图 10-90 所示。

图 10-89　设置模糊控制点参数

图 10-90　应用【场景模糊】滤镜后的效果

### 2. 光圈模糊

　　使用【光圈模糊】可以对图片模拟浅景深效果，而不管使用的是什么相机或镜头，也可以定义多个焦点，这是使用传统相机技术几乎不可能实现的效果。下面将介绍如何使用【光圈模糊】滤镜效果，其操作步骤如下。

　　(1) 在菜单栏中选择【滤镜】|【模糊画廊】|【光圈模糊】命令，执行该命令后，即可为素材文件添加【光圈模糊】效果，还可以在工作界面中对光圈进行旋转、缩放、移动等操作，如图 10-91 所示。

　　(2) 调整完成后，单击【确定】按钮，即可添加【光圈模糊】效果，设置后的前后效果如图 10-92 所示。

图 10-91 对光圈进行移动、旋转　　　　图 10-92 使用【光圈模糊】滤镜的前后效果对比

(3) 设置完成后，按 Enter 键完成设置即可。

### 3. 移轴模糊

使用【移轴模糊】滤镜效果模拟使用倾斜偏移镜头拍摄的图像。此特殊的模糊效果会定义锐化区域，然后在边缘处逐渐变得模糊，用户可以在添加该滤镜效果后通过调整线条位置来控制模糊区域，还可以在【模糊工具】面板中设置【倾斜偏移】下的【模糊】与【扭曲度】来调整模糊效果，如图 10-93 所示。

添加【移轴模糊】滤镜效果后，在工作界面中会出现多个不同的区域，每个区域所控制的效果也不同，区域含义如图 10-94 所示。

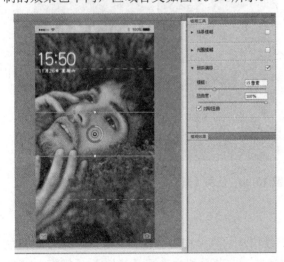

图 10-93 【移轴模糊】滤镜效果　　　　图 10-94 区域的含义

### 4. 表面模糊

【表面模糊】滤镜能够在保留边缘的同时模糊图像，该滤镜可用来创建特殊效果并消除杂色或颗粒。下面介绍【表面模糊】滤镜的使用方法。

(1) 按 Ctrl+O 快捷键，打开"素材\Cha10\素材 09.psd"素材文件，如图 10-95 所示。

(2) 在菜单栏中选择【滤镜】|【模糊】|【表面模糊】命令，如图 10-96 所示。

图 10-95　素材文件

图 10-96　选择【表面模糊】命令

(3) 弹出【表面模糊】对话框，将【半径】设置为 8 像素，将【阈值】设置为 93 色阶，如图 10-97 所示。

(4) 然后单击【确定】按钮，添加【表面模糊】滤镜的前后效果，如图 10-98 所示。

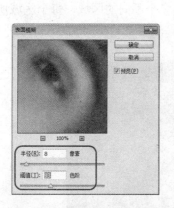

图 10-97　设置表面模糊参数

图 10-98　使用【表面模糊】滤镜的前后效果对比

### 5. 动感模糊

【动感模糊】滤镜可以沿指定的方向，以指定的强度模糊图像，产生一种移动拍摄的效果，在表现对象的速度感时经常会用到该滤镜，在菜单栏中选择【滤镜】|【模糊】|【动感模糊】对话框，在弹出的【动感模糊】对话框中进行相应的设置，图 10-99 所示为添加【动感模糊】滤镜的前后效果。

### 6. 高斯模糊

【高斯模糊】滤镜是【模糊】滤镜组中使用频率最高的滤镜，例如制作景深效果、为

人物皮肤磨皮等效果，在菜单栏中选择【滤镜】|【模糊】|【高斯模糊】对话框，在弹出的【高斯模糊】对话框中进行相应的设置即可，如图 10-100 所示为添加【高斯模糊】滤镜的前后效果。

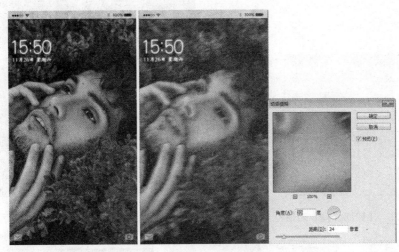

图 10-99　添加【动感模糊】滤镜的前后效果对比

图 10-100　使用【高斯模糊】滤镜的前后效果对比

### 7. 径向模糊

【径向模糊】滤镜可以模拟缩放或旋转的相机所产生的模糊效果，该滤镜包含两种模糊方法，选中【旋转】单选按钮，然后指定旋转的【数量】值，可以沿同心圆环线模糊，选中【缩放】单选按钮，然后指定缩放【数量】值，则沿着径向线模糊，图像会产生放射状的模糊效果。如图 10-101 所示为【径向模糊】对话框设置，图 10-102 所示为添加【径向模糊】滤镜前后的效果。

### 8. 镜头模糊

【镜头模糊】滤镜通过图像的 Alpha 通道或图层蒙版的深度值来映射像素的位置，产生带有镜头景深的模糊效果，该滤镜的强大之处是可以使图像中的一些对象在焦点内，令一些区域变得模糊，如图 10-103 所示为【镜头模糊】参数的设置，图 10-104 所示为添加【镜头模糊】滤镜的前后效果。

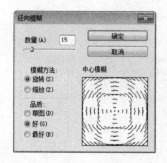

图 10-101　【径向模糊】对话框

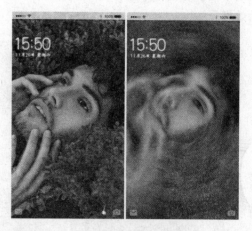

图 10-102　使用【径向模糊】滤镜的前后效果对比

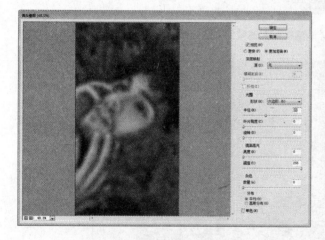

图 10-103　【镜头模糊】参数设置

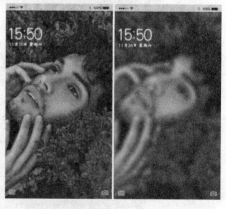

图 10-104　使用【镜头模糊】滤镜的
前后效果对比

## 【实例 10-2】制作三维立体质感手机 UI

下面将介绍如何制作三维立体质感手机 UI，效果如图 10-105 所示，其操作步骤如下。

(1) 启动软件，按 Ctrl+N 快捷键，在弹出的【新建】对话框中将【宽度】、【高度】分别设置为 750、1334 像素，将【分辨率】设置为 96 像素/英寸，如图 10-106 所示。

(2) 设置完成后，单击【确定】按钮，在菜单栏中选择【文件】|【置入】命令，在弹出的对话框中选择"素材\Cha10\素材 10.jpg"素材文件，单击【置入】

【实例 10-2】制作三维立体质感手机 UI 界面.mp4

图 10-105　三维立体质感手机 UI

按钮，在工作区中调整素材文件的大小与位置，效果如图 10-107 所示。

图 10-106  设置新建文档参数

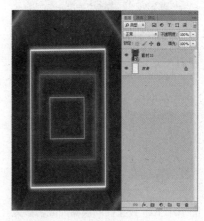

图 10-107  调整素材文件的大小与位置

（3）在【图层】面板中选择【素材 10】图层，在菜单栏中选择【滤镜】|【模糊】|【径向模糊】命令，如图 10-108 所示。

（4）在弹出的对话框中将【数量】设置为 93，选中【缩放】和【最好】单选按钮，如图 10-109 所示。

图 10-108  选择【径向模糊】命令

图 10-109  设置【径向模糊】参数

（5）设置完成后，单击【确定】按钮，在【图层】面板中双击【径向模糊】滤镜右侧的 ⚏ 按钮，在弹出的对话框中将【不透明度】设置为 60%，如图 10-110 所示。

（6）设置完成后，单击【确定】按钮，继续选中【素材 10】图层，在菜单栏中选择【滤镜】|【风格化】|【凸出】命令，如图 10-111 所示。

（7）在弹出的对话框中选中【块】单选按钮，将【大小】、【深度】分别设置为 50 像素、60，选中【随机】单选按钮，勾选【立方体正面】复选框，如图 10-112 所示。

（8）设置完成后，单击【确定】按钮，在【图层】面板中双击【凸出】右侧的 ⚏ 按钮，在弹出的对话框中将【模式】设置为【滤色】，将【不透明度】设置为 90%，如图 10-113 所示。

（9）设置完成后，单击【确定】按钮，按 Ctrl+F 快捷键再次应用【凸出】滤镜效果，在弹出的对话框中单击【确定】按钮，在【图层】面板中双击第二次添加的【凸出】右侧的 ⚏ 按钮，在弹出的对话框中将【模式】设置为【滤色】，将【不透明度】设置为 75%，如图 10-114 所示。

图 10-110　设置径向模糊的混合参数

图 10-111　选择【凸出】命令

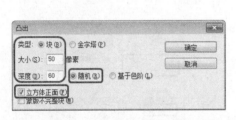

图 10-112　设置凸出参数

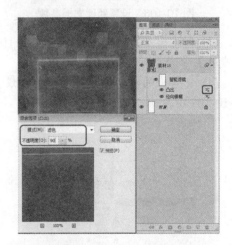

图 10-113　设置凸出的混合参数

(10) 再次按 Ctrl+F 快捷键，在弹出的对话框中单击【确定】按钮，在【图层】面板中双击第三次添加的【凸出】右侧的 ▲ 按钮，在弹出的对话框中将【模式】设置为【叠加】，将【不透明度】设置为 90%，如图 10-115 所示。

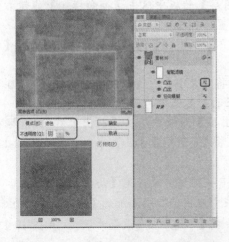

图 10-114　再次添加【凸出】滤镜效果

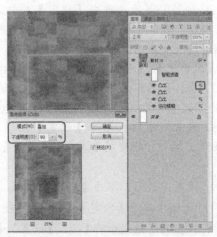

图 10-115　使用【凸出】滤镜并设置后的效果

(11) 设置完成后，单击【确定】按钮，根据前面介绍的方法将"素材 11.png"素材文件置入文档中，并调整其位置，效果如图 10-116 所示。

(12) 使用同样的方法将"素材 12.png"素材文件置入文档中，并调整其位置，效果如图 10-117 所示。

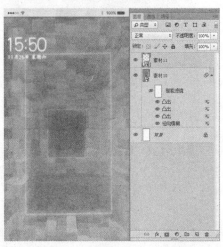

图 10-116　置入素材文件并调整其位置后的效果

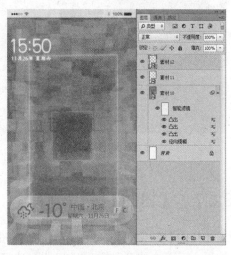

图 10-117　再次置入素材文件

(13) 在工具箱中单击【自定形状工具】，在【自定形状】下拉列表中选择【信封 1】，如图 10-118 所示。

(14) 在工作区中绘制一个信封形状，在【图层】面板中将其【填充】设置为 56%，如图 10-119 所示。

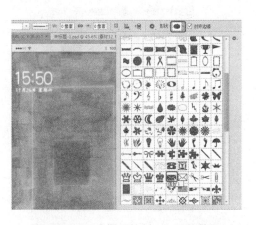

图 10-118　选择【信封 1】形状效果

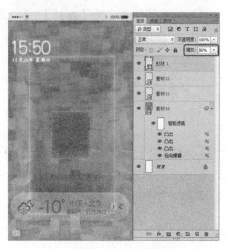

图 10-119　绘制形状并设置后的效果

(15) 在工具箱中单击【自定形状工具】，在【自定形状】下拉列表中选择【电话 2】，如图 10-120 所示。

(16) 在工作区中绘制一个电话形状，在【图层】面板中将其【填充】设置为 56%，如图 10-121 所示。

图 10-120　选择【电话 2】形状效果

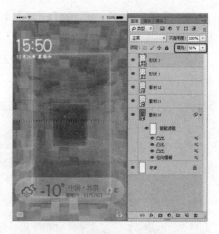

图 10-121　绘制形状及设置后的效果

## 10.3.7　【扭曲】滤镜

【扭曲】滤镜可以使图像产生几何扭曲的效果，不同滤镜通过设置可以产生不同的扭曲效果，下面介绍几种常用【扭曲】滤镜的使用方法。

### 1．波浪

【波浪】滤镜可以使图像产生类似波浪的效果，有时波浪的效果需要对该滤镜进行设置。下面介绍【波浪】滤镜的使用方法，操作步骤如下。

(1) 按 Ctrl+O 快捷键，打开"素材\Cha10\素材 13.psd"素材文件，如图 10-122 所示。

(2) 在菜单栏中选择【滤镜】|【扭曲】|【波浪】命令，如图 10-123 所示。

图 10-122　素材文件

图 10-123　选择【波浪】命令

(3) 执行该操作后，即可打开【波浪】对话框，在该对话框中调整相应的参数，在此选中【三角形】单选按钮，将【生成器数】设置为 5，将【波长】分别设置为 10、164，将【波幅】分别设置为 5、35，如图 10-124 所示。

(4) 设置完成后，即可为选中的图像应用该滤镜效果，应用滤镜的前后效果如图 10-125 所示。

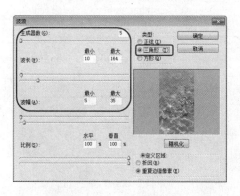

图 10-124　设置波浪参数　　　　　　　图 10-125　使用【波浪】滤镜的前后效果对比

### 2. 波纹

　　【波纹】滤镜效果用于创建波状起伏的图案，像水池表面的波纹。在菜单栏中选择【滤镜】|【扭曲】|【波纹】命令，在弹出的【波纹】对话框中调整【数量】与【大小】即可，如图 10-126 所示为添加【波纹】滤镜的前后效果。

图 10-126　使用【波纹】滤镜的前后效果对比

### 3. 球面化

　　【球面化】滤镜通过将选区变形为球形，通过设置不同的模式而在不同方向产生球面化的效果，如图 10-127 所示为【球面化】对话框，其中将【数量】设置为-100，将【模式】设置为【正常】，添加滤镜的前后效果如图 10-128 所示。

### 4. 水波

　　【水波】滤镜可以产生水波波纹的效果，在菜单栏中选择【滤镜】|【扭曲】|【水波】命令，随即弹出【水波】对话框，在该对话框中将【数量】设置为 25，将【起伏】设置为

20,将【样式】设置为【水池波纹】,如图 10-129 所示,添加滤镜的前后效果如图 10-130 所示。

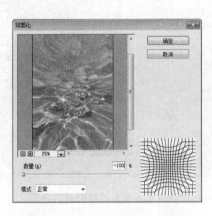

图 10-127　【球面化】对话框

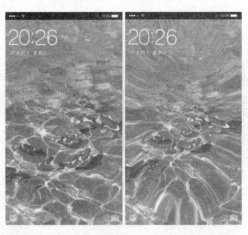

图 10-128　使用【球面化】滤镜的前后效果对比

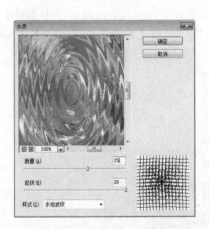

图 10-129　【水波】对话框

图 10-130　使用【水波】滤镜的前后效果对比

### 5. 玻璃

【玻璃】滤镜效果是在原图像上增加玻璃纹路,可以在【纹理】下拉列表中选择玻璃纹理样式,或创建自己的玻璃表面(存储为 Photoshop 文件)并加以应用。可以调整缩放、扭曲和平滑度设置。

(1) 在菜单栏中选择【滤镜】|【滤镜库】命令,在弹出的对话框中选择【扭曲】下的【玻璃】滤镜,将【扭曲度】、【平滑度】分别设置为 9、3,将【纹理】设置为【块状】,将【缩放】设置为 100%,如图 10-131 所示。

(2) 设置完成后,单击【确定】按钮,即可为选中的图像应用该滤镜效果,前后对比效果如图 10-132 所示。

### 6. 海洋波纹

【海洋波纹】滤镜效果可以将随机分隔的波纹添加到图像表面,使图像看上去像是在水中。下面将介绍如何应用【海洋波纹】滤镜效果，其操作步骤如下。

(1) 在菜单栏中选择【滤镜】|【滤镜库】命令，在弹出的对话框中选择【扭曲】下的【海洋波纹】滤镜，将【波纹大小】、【波纹幅度】分别设置为 15、13，如图 10-133 所示。

(2) 设置完成后，单击【确定】按钮，即可为选中的图像应用该滤镜效果，前后对比效果如图 10-134 所示。

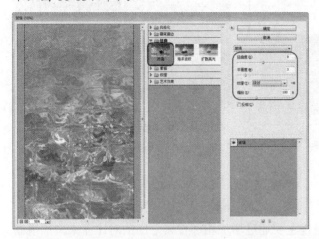

图 10-131　设置【玻璃】滤镜参数

图 10-132　使用【玻璃】滤镜后的
前后效果对比

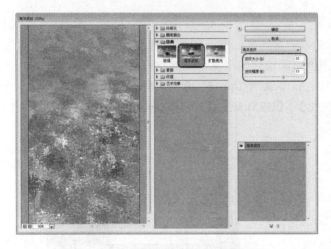

图 10-133　设置【海洋波纹】滤镜参数

图 10-134　使用【海洋波纹】滤镜后的
前后效果对比

### 7. 扩散亮光

【扩散亮光】滤镜效果可以将图像渲染成像是透过一个柔和的扩散滤镜来观看的。此滤镜添加透明的白杂色，并从选区的中心向外渐隐亮光。下面将介绍如何应用【扩散亮光】滤镜效果，其操作步骤如下。

(1) 在菜单栏中选择【滤镜】|【滤镜库】命令，在弹出的对话框中选择【扭曲】下的【扩散亮光】滤镜，将【粒度】、【发光量】、【清除数量】分别设置为 10、1、12，如图 10-135 所示。

(2) 设置完成后，单击【确定】按钮，即可为选中的图像应用该滤镜效果，前后对比效果如图 10-136 所示。

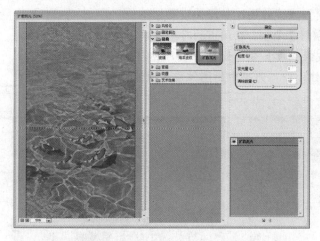

图 10-135　设置扩散亮光滤镜参数

图 10-136　使用【扩散亮光】滤镜的
前后效果对比

## 10.3.8　【锐化】滤镜

　　【锐化】滤镜包括 6 种滤镜,该滤镜主要通过增加相邻像素之间的对比度来聚焦模糊的图像,使图像变得更加清晰。下面介绍两种常用的【锐化】滤镜。

### 1. USM 锐化

　　【USM 锐化】滤镜可以调整边缘细节的对比度,并在边缘的每一侧生成一条亮线和一条暗线,此过程将使边缘突出,造成图像更加锐化的错觉,其操作步骤如下。

　　(1) 按 Ctrl+O 快捷键,打开"素材\Cha10\素材 14.psd"素材文件,如图 10-137 所示。

　　(2) 在菜单栏中选择【滤镜】|【锐化】|【USM 锐化】命令,如图 10-138 所示。

图 10-137　素材文件

图 10-138　选择【USM 锐化】命令

　　(3) 在弹出的【USM 锐化】对话框中将【数量】、【半径】、【阈值】分别设置为 154%、9.7 像素、72 色阶,如图 10-139 所示。

　　(4) 设置完成后,单击【确定】按钮,即可完成对图像的锐化处理,添加滤镜的前后效果如图 10-140 所示。

图 10-139　设置【USM 锐化】滤镜参数

图 10-140　使用【USM 锐化】滤镜的前后效果对比

### 2. 智能锐化

【智能锐化】滤镜可以对图像进行更全面的锐化，它具有独特的锐化控制功能，通过该功能可设置锐化算法，或控制在阴影和高光区域中进行的锐化量，其操作步骤如下。

(1) 在菜单栏中选择【滤镜】|【锐化】|【智能锐化】命令，随即弹出【智能锐化】对话框，将【数量】设置为 500%，将【半径】设置为 2 像素，将【减少杂色】设置为 79%，将【移去】设置为【高斯模糊】，将【阴影】下的【渐隐量】、【色调宽度】、【半径】分别设置为 6%、39%、46 像素，将【高光】下的【渐隐量】、【色调宽度】、【半径】分别设置为 25%、50%、44 像素，如图 10-141 所示。

(2) 设置完成后，单击【确定】按钮，即可完成应用【智能锐化】滤镜效果，应用滤镜的前后效果如图 10-142 所示。

图 10-141　设置【智能锐化】滤镜参数

图 10-142　应用【智能锐化】滤镜的前后效果

**知识链接：智能锐化**

【智能锐化】对话框中的各个选项的功能如下。

- 【数量】：设置锐化量。较大的值将会增强边缘像素之间的对比度，从而看起来更加锐利。

- 【半径】：决定边缘像素周围受锐化影响的像素数量。半径值越大，受影响的边缘就越宽，锐化的效果也就越明显。

- 【减少杂色】：减少不需要的杂色，同时保持重要边缘不受影响。
- 【移去】：设置用于对图像进行锐化的锐化算法。
  - 【高斯模糊】：可以减少图像中的模糊程度，调整边缘细节的对比度，使图像更加清晰。
  - 【镜头模糊】：将检测图像中的边缘和细节，可对细节进行更精细的锐化，并减少了锐化光晕。
  - 【动感模糊】：将尝试减少由于相机或主体移动而导致的模糊效果。如果选取了【动感模糊】，【角度】参数才可用。
- 【角度】：为【移去】控件中的【动感模糊】选项设置运动方向。

使用【阴影】和【高光】选项组调整较暗和较亮区域的锐化。如果暗的或亮的锐化光晕看起来过于强烈，可以使用这些控件减少光晕，这仅对于 8 位/通道和 16 位/通道的图像有效。

- 【渐隐量】：该参数用于调整高光或阴影中的锐化量。
- 【色调宽度】：该参数用于控制阴影或高光中色调的修改范围。向左移动滑块会减小【色调宽度】值，向右移动滑块会增加该值。较小的值会限制只对较暗区域进行阴影校正的调整，并只对较亮区域进行高光校正的调整。
- 【半径】：控制每个像素周围的区域的大小，该大小用于决定像素是在阴影中还是在高光中。向左移动滑块会指定较小的区域，向右移动滑块会指定较大的区域。

## 10.3.9 【纹理】滤镜

【纹理】滤镜可以使图像的表面产生深度感和质感，该滤镜组包括 6 种滤镜，下面介绍常用的几种滤镜。

### 1. 龟裂缝

【龟裂缝】滤镜以将图像绘制在一个高凸现的石膏表面上，以循着图像等高线生成精细的网状裂缝，使用该滤镜可以对包含多种颜色值或灰度值的图像创建浮雕效果。下面介绍该滤镜的使用方法。

(1) 按 Ctrl+O 快捷键，打开"素材\Cha10\素材 15.psd"素材文件，如图 10-143 所示。

(2) 在【图层】面板中选择【图层 1】，在菜单栏中选择【滤镜】|【滤镜库】命令，如图 10-144 所示。

(3) 在弹出的对话框中选择【纹理】下的【龟裂缝】滤镜，将【裂缝间距】、【裂缝深度】、【裂缝亮度】分别设置为 15、10、5，如图 10-145 所示。

(4) 设置完成后，单击【确定】按钮，即可为该图像应用【龟裂缝】滤镜效果，应用滤镜的前后效果如图 10-146 所示。

### 2. 拼缀图

【拼缀图】滤镜效果可以将图像分解为用图像中该区域的主色填充的正方形。此滤镜可以随机减小或增大拼贴的深度，以模拟高光和阴影。下面将介绍如何应用【拼缀图】滤镜效果，其操作步骤如下。

（1）在菜单栏中选择【滤镜】|【滤镜库】命令，在弹出的对话框中选择【纹理】下的【拼缀图】滤镜，将【方形大小】、【凸现】分别设置为4、8，如图10-147所示。

（2）设置完成后，单击【确定】按钮，即可为选中的图像应用该滤镜效果，前后对比效果如图10-148所示。

图 10-143 素材文件

图 10-144 选择【滤镜库】命令

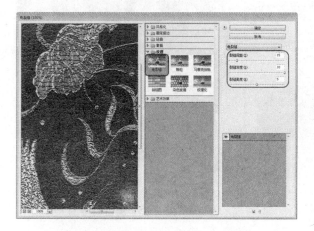

图 10-145 设置【龟裂缝】滤镜参数

图 10-146 使用【龟裂缝】滤镜的前后效果对比

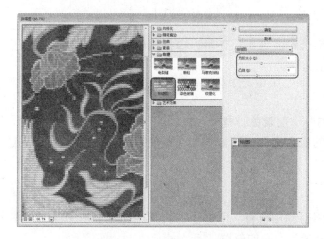

图 10-147 设置【拼缀图】滤镜参数

图 10-148 使用【拼缀图】滤镜的
前后效果对比

### 3. 纹理化

【纹理化】滤镜可以在图像中加入各种纹理，使图像呈现纹理质感，可选择的纹理包括【砖形】、【粗麻布】、【画布】和【砂岩】。下面将介绍如何使用【纹理化】滤镜效果，其操作步骤如下。

(1) 在菜单栏中选择【滤镜】|【滤镜库】命令，在弹出的对话框中选择【纹理】下的【纹理化】滤镜，将【纹理】设置为【粗麻布】，将【缩放】、【凸现】分别设置为106%、5，如图 10-149 所示。

> **提示**
>
> 如果单击【纹理】选项右侧的 ▼≣ 按钮，在打开的下拉菜单中选择【载入纹理】命令，则可以载入一个 PSD 格式的文件作为纹理文件。

(2) 设置完成后，单击【确定】按钮，即可为选中的图像应用该滤镜效果，前后对比效果如图 10-150 所示。

图 10-149　设置【纹理化】滤镜参数

图 10-150　使用【纹理化】滤镜的前后效果对比

## 10.3.10　【渲染】滤镜

【渲染】滤镜可以处理图像中类似云彩的效果，还可以模拟出镜头光晕的效果，下面举例介绍几种常用【渲染】滤镜的使用方法。

### 1. 分层云彩

【分层云彩】滤镜使用随机生成的介于前景色与背景色之间的值，生成云彩图案。【分层云彩】滤镜可以将云彩数据和现有的像素混合，其方式与【差值】模式混合颜色的方式相同。

### 2. 镜头光晕

【镜头光晕】滤镜用于模拟亮光照射到相机镜头所产生的折射。通过单击图像缩略图的任一位置或拖动其十字线，便可指定光晕中心的位置。

## 【实例 10-3】制作科技质感手机 UI 登录界面

下面将介绍如何制作科技质感手机用户登录界面，效果如图 10-151 所示，操作步骤如下。

(1) 启动软件，按 Ctrl+N 快捷键，在弹出的【新建】对话框中将【宽度】、【高度】分别设置为 1920、1080 像素，将【分辨率】设置为 96 像素/英寸，如图 10-152 所示。

【实例 10-3】制作科技质感手机 UI 登录界面.mp4

(2) 设置完成后，单击【确定】按钮，在菜单中选择【文件】|【置入】命令，在弹出的【置入】对话框中选择"素材\Cha10\素材 16.jpg"素材文件，如图 10-153 所示。

图 10-151　科技质感手机用户登录界面

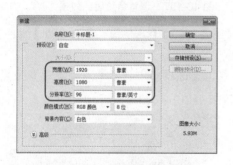

图 10-152　设置新建文档参数

图 10-153　选择素材文件

(3) 单击【置入】按钮，在工作区中调整素材文件的位置，按 Enter 键确认，效果如图 10-154 所示。

(4) 在【图层】面板中单击【创建新图层】按钮，将【背景色】设置为黑色，按 Ctrl+Delete 快捷键填充背景色，如图 10-155 所示。

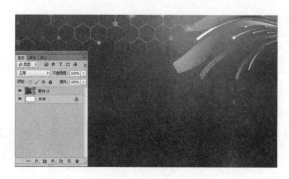

图 10-154　置入素材文件

图 10-155　新建图层并填充背景色

(5) 选中【图层】面板中的【图层 1】，在菜单栏中选择【滤镜】|【渲染】|【分层云彩】命令，如图 10-156 所示。

(6) 按两次 Ctrl+F 快捷键，再次应用【分层云彩】效果，按 Ctrl+L 快捷键，在弹出的对话框中调整色阶的参数，效果如图 10-157 所示。

> **提示**
>
> 因为【分层云彩】滤镜是随机生成云彩的值，每次应用的滤镜效果都不同，所以，在此不详细介绍【色阶】的参数，可以根据需要自行进行设置。

图 10-156　选择【分层云彩】命令

图 10-157　调整色阶后的效果

(7) 单击【确定】按钮，在【图层】面板中将【图层 1】的【混合模式】设置为【滤色】，将【不透明度】设置为 50%，如图 10-158 所示。

(8) 继续选中【图层 1】，按 Ctrl+T 快捷键，在工具选项栏中将参考点位置设置为左上角，将 W、H 均设置为 168%，效果如图 10-159 所示。

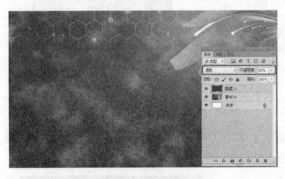
图 10-158　设置图层的混合模式与不透明度

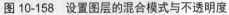
图 10-159　调整图层的大小

(9) 按 Enter 键即可完成调整，在菜单栏中选择【文件】|【置入】命令，在弹出的对话框中选择"素材\Cha10\素材 17.jpg"素材文件，单击【置入】按钮，在工作区中调整其大小与位置，调整完成后按 Enter 键完成置入，在【图层】面板中选择【素材 17】图层，将其【混合模式】设置为【滤色】，如图 10-160 所示。

(10) 在工具箱中单击【圆角矩形工具】 ，在工作区中绘制一个圆角矩形，在【属性】面板中将 W、H 分别设置为 945、501 像素，将所有的角半径均设置为 40 像素，如图 10-161 所示。

图 10-160　添加素材文件并设置混合模式

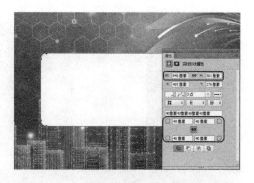

图 10-161　绘制圆角矩形并设置后的效果

(11) 再在工具箱中单击【矩形工具】，在工具箱选项栏中将【工具模式】设置为【路径】，在工作区中绘制一个矩形，在【属性】面板中将 W、H 分别设置为 474、510 像素，并调整其位置，效果如图 10-162 所示。

(12) 在【图层】面板中单击【创建新图层】按钮，新建一个图层，在工具箱中单击【渐变工具】，在工具选项栏中单击渐变条，在弹出的【渐变编辑器】对话框中将左侧色标的 RGB 值设置为 37、174、254，将右侧色标的 RGB 值设置为 0、92、190，如图 10-163 所示。

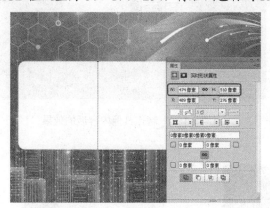

图 10-162　绘制矩形并设置后的效果

图 10-163　设置渐变颜色

(13) 单击【确定】按钮，按 Ctrl+Enter 快捷键将前面所绘制的路径载入选区，在选区的左上角单击鼠标，并按住鼠标向右下角进行拖动，在合适的位置释放鼠标，即可填充渐变颜色，效果如图 10-164 所示。

(14) 按 Ctrl+D 快捷键，取消选区，在【图层】面板中选择【图层2】，单击鼠标右键，在弹出的快捷菜单中选择【创建剪贴蒙版】命令，如图 10-165 所示。

(15) 执行该操作后，即可为选中的图层创建剪贴蒙版，根据前面介绍的方法将"素材18.png"素材文件置入文档中，如图 10-166 所示。

(16) 根据前面章节所学的知识制作其他效果，并将相应的素材文件置入文档中，效果如图 10-167 所示。

(17) 在【图层】面板中选择最顶层的图层，单击【创建新图层】按钮，新建一个图层，按 Ctrl+Delete 快捷键填充背景色，效果如图 10-168 所示。

(18) 在菜单栏中选择【滤镜】|【渲染】|【镜头光晕】命令，如图 10-169 所示。

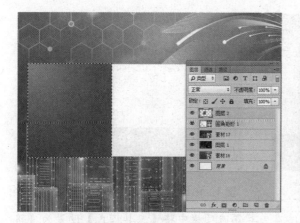

图 10-164　填充渐变颜色

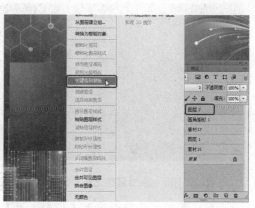

图 10-165　选择【创建剪贴蒙版】命令

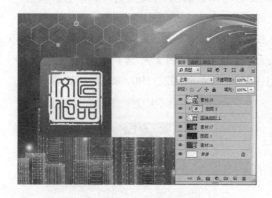

图 10-166　置入素材文件

图 10-167　制作其他内容后的效果

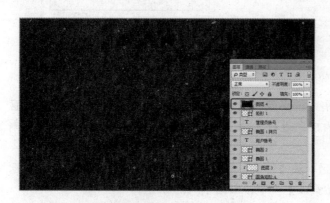

图 10-168　新建图层并填充背景色

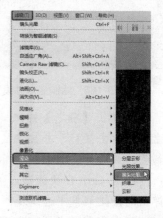

图 10-169　选择【镜头光晕】命令

(19) 在弹出的对话框中选中【105 毫米聚焦】单选按钮，并调整光晕的位置，效果如图 10-170 所示。

(20) 设置完成后，单击【确定】按钮，在【图层】面板中将镜头光晕所在的图层选中，将【混合模式】设置为【滤色】，效果如图 10-171 所示。

图 10-170 设置镜头光晕参数

图 10-171 设置图层混合模式

## 10.3.11 【艺术效果】滤镜

【艺术效果】滤镜组中包含 15 种滤镜,它们可以模仿自然或传统介质效果,使图像看起来更贴近绘画或艺术效果。可以通过【滤镜库】应用所有艺术效果滤镜,下面介绍主要的几种。

### 1. 粗糙蜡笔

【粗糙蜡笔】滤镜可以在带纹理的背景上应用粉笔描边。在亮色区域,粉笔看上去很厚,几乎看不见纹理;在深色区域,粉笔似乎被擦去了,使纹理显露出来。下面将介绍如何应用【粗糙蜡笔】滤镜,其操作步骤如下。

(1) 按 Ctrl+O 快捷键,打开"素材\Cha10\素材 23.psd"素材文件,在【图层】面板中选择【图层 1】,在菜单栏中选择【滤镜】|【滤镜库】命令,在弹出的对话框中选择【艺术效果】下的【粗糙蜡笔】滤镜,将【描边长度】、【描边细节】分别设置为 34、6,将【纹理】设置为【画布】,将【缩放】、【凸现】分别设置为 100%、20,将【光照】设置为【下】,如图 10-172 所示。

(2) 设置完成后,单击【确定】按钮,即可为选中的图像应用该滤镜效果,前后对比效果如图 10-173 所示。

图 10-172 设置【粗糙蜡笔】滤镜参数

图 10-173 使用【粗糙蜡笔】滤镜的前后效果对比

### 2. 干画笔

【干画笔】滤镜使用干画笔技术(介于油彩和水彩之间)绘制图像边缘,并通过将图像的颜色范围降到普通颜色范围来简化图像。下面将介绍如何应用【干画笔】滤镜,其操作步骤如下。

(1) 在菜单栏中选择【滤镜】|【滤镜库】命令,在弹出的对话框中选择【艺术效果】下的【干画笔】滤镜,将【画笔大小】、【画笔细节】、【纹理】分别设置为 8、8、1,如图 10-174 所示。

(2) 设置完成后,单击【确定】按钮,即可为选中的图像应用该滤镜效果,前后对比效果如图 10-175 所示。

图 10-174　设置【干画笔】滤镜参数

图 10-175　使用【干画笔】滤镜的
前后效果对比

### 3. 海报边缘

【海报边缘】滤镜可以根据设置的海报化选项减少图像中的颜色数量(对其进行色调分离),并查找图像的边缘,在边缘上绘制黑色线条。大而宽的区域有简单的阴影,而细小的深色细节遍布图像。下面将介绍如何应用【海报边缘】滤镜,其操作步骤如下。

(1) 在菜单栏中选择【滤镜】|【滤镜库】命令,在弹出的对话框中选择【艺术效果】下的【海报边缘】滤镜,将【边缘厚度】、【边缘强度】、【海报化】分别设置为4、1、2,如图 10-176 所示。

(2) 设置完成后,单击【确定】按钮,即可为选中的图像应用该滤镜效果,前后对比效果如图 10-177 所示。

### 4. 绘画涂抹

【绘画涂抹】滤镜可以选取各种大小(从 1 到 50)和类型的画笔来创建绘画效果。画笔类型包括简单、未处理光照、暗光、宽锐化、宽模糊和火花。下面将介绍如何应用【绘画涂抹】滤镜,其操作步骤如下。

(1) 在菜单栏中选择【滤镜】|【滤镜库】命令,在弹出的对话框中选择【艺术效果】下的【绘画涂抹】滤镜,将【画笔大小】、【锐化程度】分别设置为 10、15,将【画笔类型】设置为【简单】,如图 10-178 所示。

（2）设置完成后，单击【确定】按钮，即可为选中的图像应用该滤镜效果，前后对比效果如图 10-179 所示。

图 10-176　设置【海报边缘】滤镜参数

图 10-177　添加滤镜后的前后效果

图 10-178　设置【绘画涂抹】滤镜参数

图 10-179　添加滤镜后的前后效果

## 【实例 10-4】制作水彩质感手机 UI

下面将介绍如何制作水彩质感手机 UI，效果如图 10-180 所示，操作步骤如下。

（1）按 Ctrl+O 快捷键，打开"素材\Cha10\素材 24.psd"素材文件，如图 10-181 所示。

【实例 10-4】制作水彩质感手机 UI.mp4

（2）在【图层】面板中选择【图层 1】图层，右击鼠标，在弹出的快捷菜单中选择【转换为智能对象】命令，如图 10-182 所示。

（3）继续选中该图层，在菜单栏中选择【滤镜】|【滤镜库】命令，如图 10-183 所示。

（4）在弹出的对话框中选择【艺术效果】下的【干画笔】滤镜，将【画笔大小】、【画笔细节】、【纹理】分别设置为 4、7、1，如图 10-184 所示。

图 10-180　水彩质感手机 UI

图 10-181　素材文件

图 10-182　选择【转换为智能对象】命令

图 10-183　选择【滤镜库】命令

图 10-184　设置干画笔参数

　　(5) 设置完成后，单击【确定】按钮，再在菜单栏中选择【滤镜】|【滤镜库】命令，在弹出的对话框中选择【艺术效果】下的【干画笔】滤镜，将【画笔大小】、【画笔细节】、【纹理】分别设置为 1、10、1，如图 10-185 所示。

　　(6) 设置完成后，单击【确定】按钮，在【图层】面板中双击最上方滤镜库右侧的 按钮，在弹出的对话框中将【模式】设置为【滤色】，将【不透明度】设置为50%，如图10-186所示。

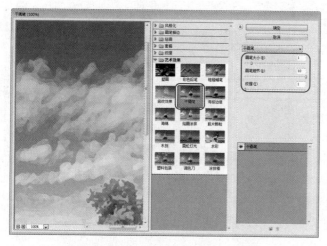

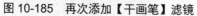

图10-185 再次添加【干画笔】滤镜

图10-186 设置滤镜的混合模式

(7) 单击【确定】按钮，在菜单栏中选择【滤镜】|【模糊】|【特殊模糊】命令，如图10-187所示。

(8) 在弹出的对话框中将【半径】、【阈值】分别设置为 7.3、65.5，将【品质】设置为【高】，如图10-188所示。

图10-187 选择【特殊模糊】命令

图10-188 设置特殊模糊参数

(9) 设置完成后，单击【确定】按钮，在【图层】面板中双击【特殊模糊】右侧的 ☰ 按钮，在弹出的对话框中将【不透明度】设置为70%，如图10-189所示。

(10) 单击【确定】按钮，在菜单栏中选择【滤镜】|【滤镜库】命令，在弹出的对话框中选择【画笔描边】下的【喷溅】，将【喷色半径】、【平滑度】分别设置为 6、7，如图10-190所示。

(11) 设置完成后，单击【确定】按钮，在菜单栏中选择【滤镜】|【风格化】|【查找边缘】命令，如图10-191所示。

(12) 在【图层】面板中双击【查找边缘】右侧的 ☰ 按钮，在弹出的对话框中将【模式】

设置为【正片叠底】，将【不透明度】设置为 66%，如图 10-192 所示。

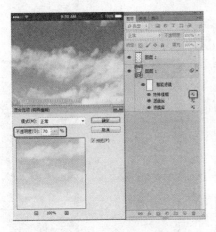

图 10-189　设置特殊模糊不透明度参数

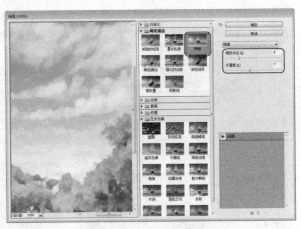

图 10-190　设置喷溅参数

图 10-191　选择【查找边缘】命令

图 10-192　设置查找边缘的混合模式

(13) 设置完成后，单击【确定】按钮，在菜单栏中选择【文件】|【置入】命令，在弹出的对话框中选择 "素材\Cha10\素材 25.jpg" 素材文件，如图 10-193 所示。

(14) 单击【置入】按钮，将其置入文档中，按 Enter 键完成置入，在【图层】面板中选择【素材 25】图层，按住鼠标将其拖曳至【创建新图层】按钮上，对其进行复制，将【素材 25 拷贝】图层调整至【图层 1】图层的下方，效果如图 10-194 所示。

(15) 在【图层】面板中选择【素材 25】图层，将【混合模式】设置为【正片叠底】，如图 10-195 所示。

(16) 将【图层 2】隐藏，按 Ctrl+Shift+Alt+E 组合键，盖印图层，将【图层 1】图层进行隐藏，如图 10-196 所示。

(17) 在【图层】面板中选择【图层 3】图层，按住 Alt 键单击【添加图层蒙版】按钮，添加一个蒙版，如图 10-197 所示。

> **提示**
>
> 此处将【前景色】的 RGB 值设置为 255、255、255，将【背景色】的 RGB 值设置为 0、0、0。

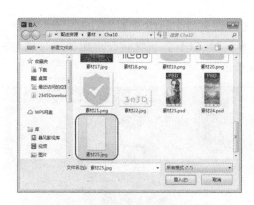

图 10-193　选择素材文件

图 10-194　复制图层并进行调整

(18) 在工具箱中单击【画笔工具】，选择一种画笔预设，在工作区进行涂抹，涂抹后的效果如图 10-198 所示。

图 10-195　设置图层混合模式

图 10-196　盖印图层并隐藏其他图层

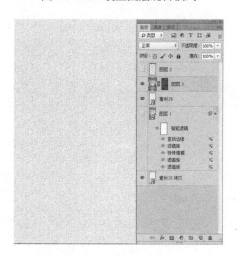

图 10-197　添加图层蒙版

图 10-198　涂抹后的效果

(19) 在【图层】面板中显示【图层 2】，按 Ctrl+Shift+Alt+E 组合键，盖印图层，如图 10-199 所示。

(20) 按 Ctrl+O 快捷键，在弹出的对话框中选择 "素材\Cha10\素材 26.jpg" 素材文件，将盖印后的【图层 4】拖曳至新打开的素材文件中，按 Ctrl+T 快捷键，对图像进行调整，调整完成后，按 Enter 键确认，效果如图 10-200 所示。

图 10-199　盖印图层

图 10-200　调整后的效果

> **提示**
>
> 　　在此对图像进行调整时可以通过按 Ctrl+T 快捷键变换后，单击鼠标右键，在弹出的快捷菜单中选择【斜切】命令，然后对图像进行调整，这样可以使图像更真实。

## 习　题

1. 如果需要对照片中的人物脸部进行处理，需要应用什么滤镜效果？
2. 【画笔描边】滤镜组有什么作用？
3. 滤镜可以分为几种类型？分别是什么？
4. 【智能滤镜】的特点是什么？
5. 【干画笔】有什么作用？

第 11 章

## 项目指导——应用软件 APP 界面设计

本章要点

**重点知识**
- ◆ 美食外卖 APP 界面的设计
- ◆ 购物 APP 界面的设计

学习目标

　　随着互联网的发展，人们的购物方式有了很多新的选择。很多年轻人喜欢在网络上选择自己满意的商品，通过快递送上门，购物足不出户，非常便捷。本章详细讲解如何通过 Photoshop 制作出美食外卖、购物 APP 界面。

## 11.1 美食外卖 APP 界面的设计

随着物流配送的不断完善,网上订餐的人越来越多,外卖 APP 基本成了当下人人必备的 APP 应用之一。下面通过 Photoshop 来制作美食外卖 APP 界面,如图 11-1 所示。

### 11.1.1 美食外卖 APP 界面的标题效果设计

下面通过【矩形工具】和【钢笔工具】制作出标题部分,然后通过导入素材文件完善效果。

(1) 按 Ctrl+N 快捷键,弹出【新建】对话框,将【名称】设置为"11.1 美食外卖 APP 界面的设计",【宽度】和【高度】分别设置为 750、1267 像素,【分辨率】设置为 72 像素/英寸,【颜色模式】设置为 RGB 颜色/8 位,【背景内容】设置为白色,单击【确定】按钮,如图 11-2 所示。

(2) 在工具箱中单击【矩形工具】按钮 ▣,在工作区中绘制矩形,在【属性】面板中将 W、H 分别设置为 750 像素、235 像素,【填充颜色】设置为黑色,【描边颜色】设置为无,如图 11-3 所示。

(3) 在【图层】面板中双击【矩形 1】图层,勾选【渐变叠加】复选框,单击【渐变】右侧的渐变条,弹出【渐变编辑器】对话框,将 0%位置处的色标 RGB 值设置为 255、72、145,将 100%位置处的色标 RGB 值设置为 255、0、102,单击【确定】按钮,如图 11-4 所示。

11.1.1 美食外卖 APP 界面的标题效果设计.mp4

图 11-1 美食外卖 APP 界面

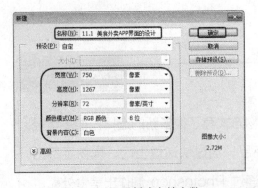

图 11-2 设置新建文档参数

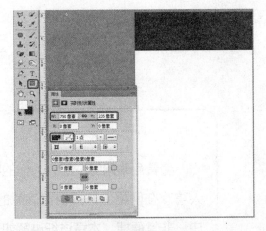

图 11-3 绘制黑色矩形

(4) 返回【图层样式】对话框,将【角度】设置为-49 度,单击【确定】按钮,如图 11-5 所示。

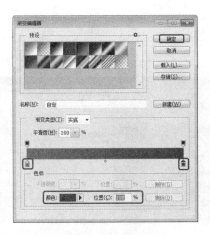

图 11-4　设置渐变颜色

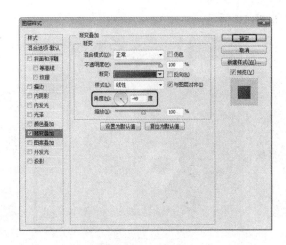

图 11-5　设置角度

(5) 为矩形设置完渐变叠加后，在菜单栏中选择【文件】|【置入】命令，弹出【置入】对话框，选择"素材\Cha11\电量条.png"素材文件，单击【置入】按钮，调整对象的位置，置入电量条的效果如图 11-6 所示。

(6) 在【图层】面板中单击【创建新图层】按钮 ，新建【位置】图层，在工具箱中单击【钢笔工具】按钮，将工具栏中的【工具模式】设置为路径，在工作区中绘制路径，如图 11-7 所示。

图 11-6　置入电量条的效果

图 11-7　绘制路径

(7) 按 Ctrl+Enter 快捷键，将路径转换为选区，确认背景色为白色，按 Ctrl+Delete 快捷键填充颜色，取消选区，在工具箱中单击【椭圆选框工具】按钮 ，按住 Shift 键绘制选区，按 Delete 键删除多余的部分，如图 11-8 所示。

(8) 在工具箱中单击【横排文字工具】按钮 ，输入文本，在【字符】面板中将【字体】设置为【黑体】，将【字体大小】设置为 33 点，如图 11-9 所示。

**提示**

按 Ctrl+D 快捷键取消选区。

(9) 在工具箱中单击【钢笔工具】按钮 ，在工具栏中将【工具模式】设置为【形状】，【填充】设置为无，【描边】设置为白色，【描边宽度】设置为 3，绘制形状，如

图 11-10 所示。

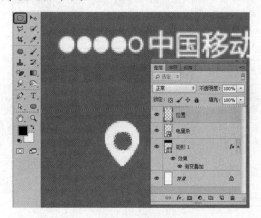

图 11-8　制作定位图标后的效果

图 11-9　设置文本参数

(10) 在工具箱中单击【圆角矩形工具】按钮，在工具栏中将【工具模式】设置为【形状】，【填充】设置为白色，【描边】设置为无，【半径】设置为 20 像素，在工作区中绘制圆角矩形，如图 11-11 所示。

图 11-10　绘制形状

图 11-11　绘制圆角矩形

(11) 在工具箱中单击【自定形状工具】按钮，在工具栏中将【工具模式】设置为【形状】，【填充】设置为#c4c4c4，【描边】设置为无，设置【形状】为【搜索】，在工作区中绘制形状，如图 11-12 所示。

(12) 使用【横排文字工具】输入文本，在【字符】面板中将【字体】设置为【黑体】，【字体大小】设置为 28 点，【颜色】设置为#c4c4c4，如图 11-13 所示。

图 11-12　绘制形状

图 11-13　设置文本参数

(13) 使用【横排文字工具】输入文本，在【字符】面板中将【字体】设置为【黑体】，
【字体大小】设置为 24 点，【颜色】设置为白色，单击【仿粗体】按钮**T**，如图 11-14 所示。

(14) 在菜单栏中选择【文件】|【置入】命令，弹出【置入】对话框，选择"素材\Cha11\
素材 1.jpg"素材文件，单击【置入】按钮，调整对象的大小及位置，如图 11-15 所示。

图 11-14　设置文本参数

图 11-15　调整对象的大小及位置

> **提示**
>
> 在调整对象大小的时候建议按住 Shift 键拖动对角进行等比例缩放，否则容易变形。

## 11.1.2　美食外卖 APP 界面的内容区域效果设计

通过【椭圆工具】绘制按钮，并添加图层样式，置入相应的
背景图像，通过色彩和色调的调整，使其更加艳丽，然后加入相
应的按钮和状态栏素材。具体操作步骤如下。

(1) 在工具箱中单击【椭圆工具】按钮，按住 Shift 键绘制
正圆，在【属性】面板中将 W、H 均设置为 82 像素，如图 11-16
所示。

11.1.2　美食外卖 APP
界面的内容区域效果设

(2) 在【椭圆 1】图层上双击图层，弹出【图层样式】对话框，
勾选【渐变叠加】复选框，单击【渐变】右侧的渐变条，弹出【渐
变编辑器】对话框，将 0%位置处的颜色设置为#ff6565，将 100%位置处的颜色设置为# ff1f26，
单击【确定】按钮，如图 11-17 所示。

图 11-16　绘制正圆并设置参数

图 11-17　设置渐变颜色

(3) 勾选【投影】复选框,将【混合模式】设置为【正片叠底】,【混合颜色】设置为 # ff232a,【不透明度】设置为 40%,【角度】设置为 90 度,【距离】、【扩展】和【大 小】分别设置为 2 像素、0、4 像素,单击【确定】按钮,如图 11-18 所示。

(4) 新建【标签】图层,在工具箱中单击【钢笔工具】按钮 ,将【工具模式】设置 为【路径】,绘制路径,如图 11-19 所示。

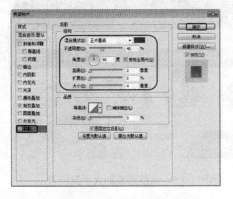

图 11-18　设置投影参数　　　　　　　　　图 11-19　绘制路径

**提示**

　　路径的第一段最初始终显示为工作界面中的一条直线。依据接下来绘制的是曲线段还 是直线段,Photoshop 稍后会对它进行相应的调整。如果绘制的下一段是曲线段,Photoshop 将使第一段曲线与下一段平滑地关联。

(5) 按 Ctrl+Enter 快捷键,将路径转换为选区,确认背景色为白色,按 Ctrl+Delete 快捷 键填充背景色,使用【横排文字工具】输入文本,将【字体】设置为【微软雅黑】,【字 体大小】设置为 24,【颜色】设置为#3f3f3f,如图 11-20 所示。

(6) 使用同样的方法制作出其他的图标,在【图层】面板中单击【创建新组】按钮 , 新建【图标】组,选中所有的图标,将图层拖曳到【图标】组中,如图 11-21 所示。

图 11-20　设置文本参数　　　　　　　　　图 11-21　制作其他图标

(7) 在工具箱中单击【横排文字工具】按钮,输入文本,将【字体】设置为【微软雅黑】, 【字体大小】设置为 28,【颜色】设置为#666666,如图 11-22 所示。

(8) 置入"素材\Cha11\素材 2.jpg"素材文件,单击【图层】面板底部的【创建新的填充或调整图层】按钮 ，在弹出的快捷菜单中选择【亮度/对比度】命令，如图 11-23 所示。

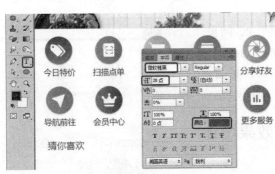

图 11-22  设置文本参数

图 11-23  选择【亮度/对比度】命令

(9) 在【属性】面板中单击【此调整剪切到此图层】按钮 ，勾选【使用旧版】复选框，将【亮度】、【对比度】分别设置为 15、10，如图 11-24 所示。

(10) 置入"素材\Cha11\素材 3.jpg"素材文件，单击【图层】面板底部的【创建新的填充或调整图层】按钮 ，在弹出的快捷菜单中选择【亮度/对比度】命令，在【属性】面板中单击【此调整剪切到此图层】按钮 ，勾选【使用旧版】复选框，将【亮度】、【对比度】分别设置为 20、5，按 Ctrl+T 快捷键，适当调整对象的大小及位置，如图 11-25 所示。

图 11-24  设置亮度、对比度参数

图 11-25  调整素材后的效果

(11) 使用【矩形工具】和【横排文字工具】制作其他部分，效果如图 11-26 所示。

(12) 置入"素材\Cha11\图标栏.png"素材文件，调整对象的大小及位置，效果如图 11-27 所示。

图 11-26  制作完成后的效果

图 11-27  调整状态栏

## 11.2　购物 APP 界面的设计

随着互联网的迅速发展,以移动 APP 购物、PC 网页、移动端网页为产品主载体的 APP 购物消费平台为我们带来便捷的同时也改变了我们的生活习惯。下面通过 Photoshop 来制作购物 APP 界面,如图 11-28 所示。

### 11.2.1　购物 APP 界面的导航栏效果设计

下面通过【矩形工具】、【圆角矩形工具】以及【文本工具】设计导航栏效果。

11.2.1　购物 APP 界面的
导航栏效果设计.mp4

图 11-28　购物 APP 界面

(1) 按 Ctrl+N 快捷键,弹出【新建】对话框,将【名称】设置为"11.2 购物 APP 界面的设计",【宽度】和【高度】分别设置为 750、1334 像素,【分辨率】设置为 72 像素/英寸,【颜色模式】设置为 RGB 颜色 8 位,【背景内容】设置为白色,单击【确定】按钮,如图 11-29 所示。

(2) 在工具箱中单击【矩形工具】按钮▣,在工具栏中将【工具模式】设置为【形状】,【填充】设置为#ff0000,【描边】设置为无,绘制一个矩形,将 W、H 分别设置为 750、118 像素,如图 11-30 所示。

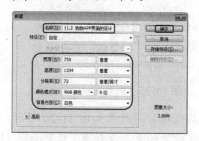

图 11-29　设置新建文档参数

图 11-30　绘制矩形

(3) 在菜单栏中选择【文件】|【置入】命令,弹出【置入】对话框,选择"素材\Cha11\电量条 2.png"素材文件,单击【置入】按钮,调整对象的位置,置入电量条的效果如图 11-31 所示。

(4) 在工具箱中单击【圆角矩形工具】按钮▣,在工具栏中将【工具模式】设置为【形状】,【填充】设置为白色,【描边】设置为无,【半径】设置为 10 像素,绘制一个圆角矩形,将 W、H 分别设置为 578、54 像素,如图 11-32 所示。

(5) 在工具箱中单击【自定形状工具】按钮✿,在工具栏中将【工具模式】设置为【形状】,【填充】设置为#86888e,【描边】设置为无,将【形状】设置为【搜索】,绘制搜索形状,如图 11-33 所示。

图 11-31　置入素材

图 11-32　绘制圆角矩形

(6) 在工具箱中单击【横排文字工具】按钮 T，输入文本，将【字体】设置为【黑体】，【字体大小】设置为 24 点，【颜色】设置为#86888e，如图 11-34 所示。

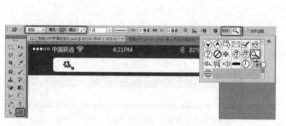

图 11-33　绘制搜索形状

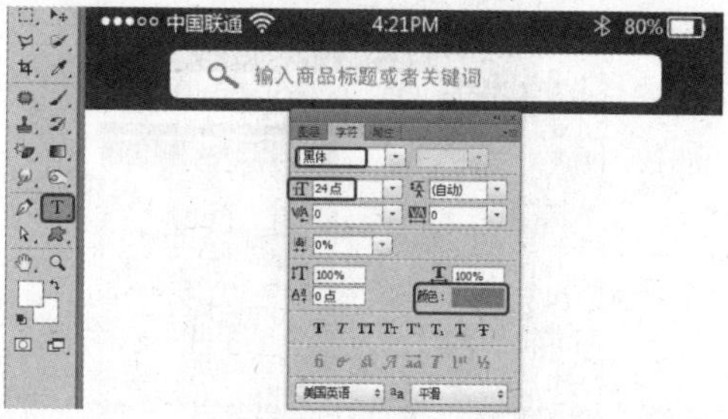

图 11-34　设置文本参数

(7) 在工具箱中单击【圆角矩形工具】按钮，在工具栏中将【工具模式】设置为【形状】，【填充】设置为无，【描边】设置为白色，【描边宽度】设置为 3 点，【半径】设置为 5 像素，绘制圆角矩形，将 W、H 均设置为 32 像素，如图 11-35 所示。

(8) 打开【图层】面板，在【圆角矩形 2】图层上单击鼠标右键，在弹出的快捷菜单中选择【栅格化图层】命令，如图 11-36 所示。

图 11-35　绘制圆角矩形

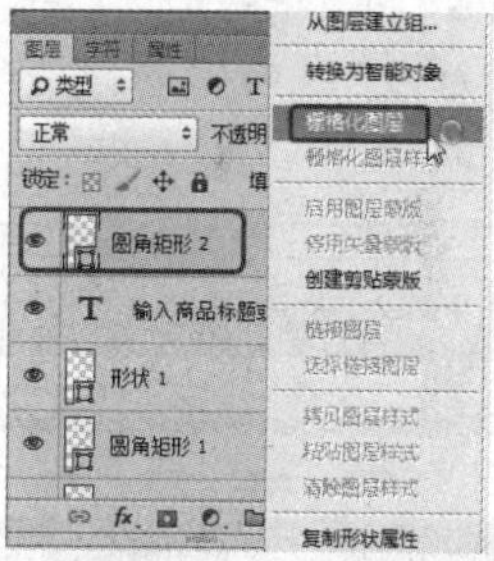

图 11-36　选择【栅格化图层】命令

(9) 在工具箱中单击【矩形选框工具】按钮，在工具栏中单击【添加到选区】按钮，绘制选区，如图 11-37 所示。

(10) 按 Delete 键将选中的区域删除，在工具箱中单击【直线工具】按钮，在工具栏中将【工具模式】设置为【形状】，【填充】设置为无，【描边】设置为白色，【描边宽度】、【粗细】都设置为 3 点，绘制 W、H 分别为 35、3 像素的线段，如图 11-38 所示。

(11) 在工具箱中单击【横排文字工具】按钮，输入文本，将【字体】设置为【黑体】，【字体大小】设置为 20 点，【颜色】设置为白色，如图 11-39 所示。

(12) 使用同样的方法制作如图 11-40 所示的内容。

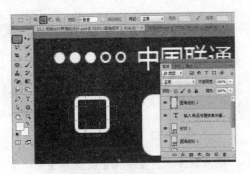

图 11-37 绘制选区

图 11-38 绘制直线

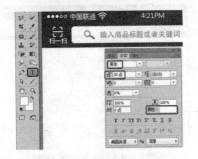

图 11-39 设置文本参数

图 11-40 制作完成后的效果

(13) 在工具箱中单击【矩形工具】按钮，在工具栏中将【工具模式】设置为【形状】，【填充】设置为黑色，【描边】设置为无，绘制矩形，将 W、H 分别设置为 750、260 像素，如图 11-41 所示。

(14) 在菜单栏中选择【文件】|【置入】命令，弹出【置入】对话框，选择"素材\Cha11\素材 4.jpg"素材文件，单击【置入】按钮，调整对象的位置，在【素材 4】图层上单击鼠标右键，在弹出的快捷菜单中选择【创建剪贴蒙版】命令，创建剪贴蒙版后的效果如图 11-42 所示。

图 11-41 绘制矩形

图 11-42 创建剪贴蒙版后的效果

提示

　　若要对矩形进行调整，在锚点上单击并拖动鼠标，即可将角点转换成平滑点，相邻的两条线段也会变为曲线，如果按住 Alt 键进行拖动，可以将单侧线段变为曲线。

## 11.2.2　购物 APP 界面的主体效果设计

11.2.2　购物 APP 界面的
主体效果设计.mp4

下面通过【矩形工具】、【圆角矩形工具】和【文本工具】
设计购物 APP 界面的主体效果，并置入相应的素材图片。

(1) 在工具箱中单击【矩形工具】按钮█，在工具栏中将
【工具模式】设置为【形状】，【填充】设置为#fff3f5，【描边】
设置为无，绘制矩形，将 W、H 分别设置为 284、392 像素，如
图 11-43 所示。

(2) 在菜单栏中选择【文件】|【置入】命令，弹出【置入】对话框，置入"素材\Cha11\
坚果.png"素材文件，适当调整素材文件的位置，如图 11-44 所示。

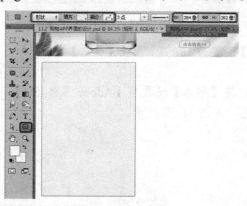

图 11-43　绘制矩形

图 11-44　置入素材

(3) 在工具箱中单击【文本工具】按钮⊤，将【字体】设置为【Adobe 黑体 Std】，【字
体大小】设置为 40 点，【颜色】设置为#fd2f8b，单击【仿粗体】█按钮。如图 11-45 所示。

(4) 在工具箱中单击【文本工具】按钮，将【字体】设置为【黑体】，【字体大小】设
置为 28 点，【颜色】设置为#8e9198，如图 11-46 所示。

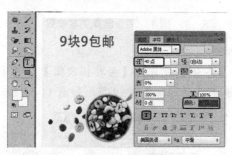

图 11-45　设置文本参数

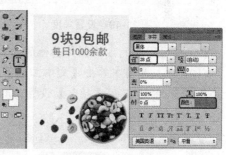

图 11-46　设置文本参数

(5) 在工具箱中单击【圆角矩形工具】按钮█，在工具栏中将【工具模式】设置为【形
状】，【填充】设置为黑色，【描边】设置为无，【半径】设置为 17 像素，绘制圆角矩形，
将 W、H 分别设置为 165、35 像素，如图 11-47 所示。

(6) 在【图层】面板中双击【圆角矩形 3】图层，勾选【渐变叠加】复选框，单击【渐
变】右侧的渐变条，弹出【渐变编辑器】对话框，将 0%位置处的色标 RGB 值设置为 253、

47、139，将 100%位置处的色标 RGB 值设置为 252、93、49，单击【确定】按钮，如图 11-48 所示。

图 11-47　设置圆角矩形参数　　　　　　　　　图 11-48　设置渐变颜色

(7) 返回【图层样式】对话框，将【角度】设置为 180 度，单击【确定】按钮，如图 11-49 所示。

(8) 在工具箱中单击【文本工具】按钮，将【字体】设置为【Adobe 黑体 Std】，【字体大小】设置为 18 点，【颜色】设置为白色，如图 11-50 所示。

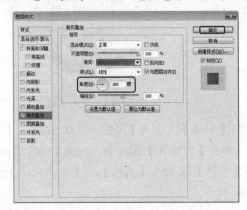

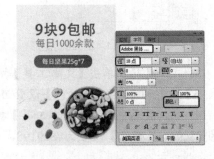

图 11-49　设置角度　　　　　　　　　　　　图 11-50　设置文本参数

(9) 使用同样的方法制作其他的内容，效果如图 11-51 所示。

(10) 在工具箱中单击【文本工具】按钮，将【字体】设置为【经典粗宋简】，【字体大小】设置为 35 点，【颜色】设置为# ff0000，单击【仿粗体】按钮T，如图 11-52 所示。

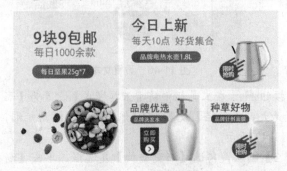

图 11-51　制作其他内容　　　　　　　　　　图 11-52　设置文本参数

(11) 在工具箱中单击【矩形工具】按钮，在工具栏中将【工具模式】设置为【形状】，【填充】设置为#f9f9fa，【描边】设置为无，绘制矩形，将W、H分别设置为750、15像素，如图11-53所示。

(12) 在菜单栏中选择【文件】|【置入】命令，弹出【置入】对话框，置入"素材\Cha11\热销榜.png"素材文件，适当调整素材文件的位置，如图11-54所示。

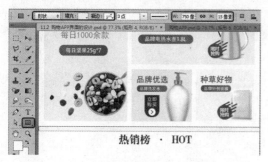

图11-53 设置矩形参数

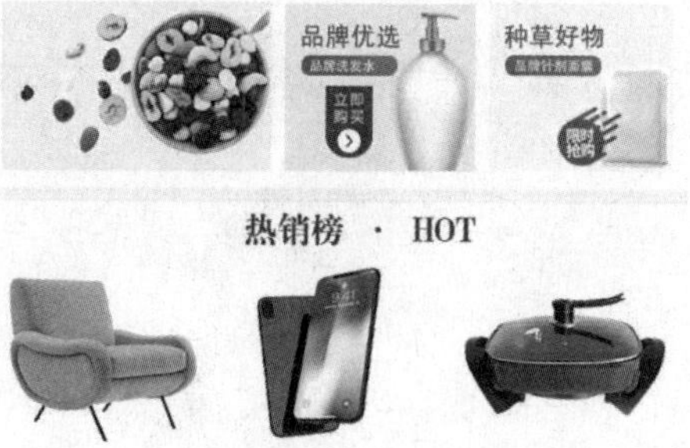

图11-54 置入素材

(13) 使用【横排文字工具】 T.和【直线工具】 /.制作如图11-55所示的内容。

(14) 在菜单栏中选择【文件】|【置入】命令，弹出【置入】对话框，置入"素材\Cha11\图标栏2.jpg"素材文件，适当调整素材文件的大小及位置，如图11-56所示。

图11-55 制作完成后的效果

图11-56 调整素材

**提示**

如果在操作时绘制的直线不够准确，连续按下Delete键可依次向前删除，如果要删除所有直线段，可以按住Delete键不放或者按下Esc键。

第 **12** 章

## 项目指导——手机登录 界面UI设计

重点知识
◇ 设计社交 APP 登录界面
◇ 设计美食餐饮类 APP 登录页面

　　智能手机出现之后，手机的通信功能正在变弱，而智能社交功能正在变强，用户停留在微信、短视频、微博等社交 APP 上的时间，花费的精力正在大幅增加。本章将通过制作手机 APP 的登录界面，为读者讲解社交 APP 及美食餐饮类 APP 界面的制作方法。

## 12.1  设计社交 APP 登录界面

如果说微信、QQ 及陌陌都是聊天交友的社交应用软件，那么社交则是在此基础上，通过图片、数据等的互联与分享，实现用户之间连接的一种全新的移动应用。本实例主要介绍手机社交 APP 登录界面的设计，效果如图 12-1 所示。

### 12.1.1  社交 APP 登录界面的主题效果设计

本节制作社交通信应用登录界面的背景效果，将使用【自然饱和度】来调整图层、圆角矩形工具、图层样式和渐变工具等。

(1) 在菜单栏中选择【文件】|【打开】命令，打开素材\Cha12\社交 APP登录界面 1.psd 素材文件，如图 12-2 所示。

12.1.1  社交 APP 登录界面的主题效果设计.mp4

图 12-1  社交 APP 登录界面

(2) 在【图层】面板中单击【创建新图层】按钮 ，新建【图层 1】，如图 12-3 所示。

(3) 在工具栏中单击前景色，并在打开的【拾色器(前景色)】面板中设置前景色为【白色】，单击【确定】按钮，关闭【拾色器(前景色)】面板。在工具栏中选择【圆角矩形工具】 ，然后在工具属性栏中设置【选择工具模式】为【像素】，【半径】设置为 10 像素，然后在视图中依照图 12-4 所示绘制一个白色圆角矩形。

图 12-2  打开素材

图 12-3  新建一个图层

(4) 在图层面板中双击【图层 1】图层，在弹出的【图层样式】对话框中，选中【描边】复选框，在【描边】选项面板中将【大小】设置为 2 像素，将【位置】设置为【外部】，单击【颜色】右侧的色块，并在打开的【拾色器(描边颜色)】面板中将 RGB 参数值分别设置为 16、93、198，如图 12-5 所示。

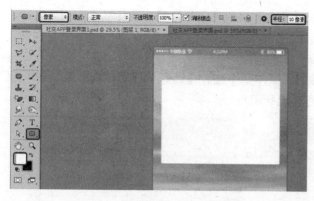

图 12-4　设置并创建白色圆角矩形

图 12-5　设置【描边】参数

（5）选中【投影】复选框，在【投影】选项面板中选择【混合模式】右侧的【设置阴影颜色】色块，并在打开的【拾色器(投影颜色)】面板中将 RGB 值设置为 11、91、159，【不透明度】设置为 75%，【角度】设置为 120 度，【距离】、【扩展】、【大小】分别设置为 5 像素、0、5 像素，单击【确定】按钮，关闭拾色器，如图 12-6 所示。

（6）完成后的效果如图 12-7 所示。

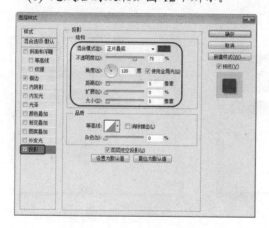

图 12-6　设置【投影】参数

图 12-7　描边后的效果

## 12.1.2　社交 APP 登录界面的表单控件设计

接下来讲解制作 APP 登录界面中的表单控件效果步骤。

（1）在【图层】面板中单击【创建新图层】按钮，新建【图层 2】图层，然后在工具箱中选择【圆角矩形工具】，并将【选择工具模式】设置为【路径】，【半径】设置为 10 像素，然后依照图 12-8 所示绘制图形。

12.1.2　社交 APP 登录界面的表单控件设计.mp4

（2）按 Ctrl+Enter 快捷键，将当前图形转换为选区，如图 12-9所示。

（3）在工具箱中选择【渐变工具】 ▇，然后在属性栏中选择【点按可编辑渐变】色块，并在打开的【渐变编辑器】对话框中双击左侧的色标，在打开的【拾色器(色标颜色)】面板中将 RGB 值设置为 75、160、231，单击【确定】按钮关闭拾色器。鼠标双击右侧的色标，在打开的【拾色器(色标颜色)】面板中将 RGB 值设置为 16、90、153，单击【确定】按钮，为选区填充渐变后的效果如图 12-10 所示。

(4) 确定当前图层处于选择状态，然后在菜单栏中选择【选择】|【变换选区】命令，然后依照图 12-11 所示对处于编辑状态的选区进行调整。

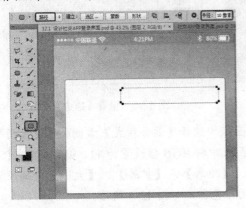

图 12-8　绘制图形

图 12-9　将图形转换为选区

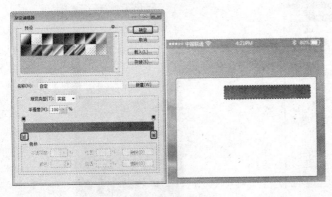

图 12-10　渐变填充

图 12-11　调整后的效果

**提示**

在变换控制框中，将鼠标指针移动至控制框四周的 8 个控制点上，当指针呈现双箭头↔形状时，按住鼠标左键的同时并拖曳，可放大或缩小图像，将鼠标指针移动至控制框外，当指针呈现弧形状时，可对图像进行旋转。

(5) 调整完毕后，按 Enter 键确认，然后按下 D 键，恢复工具箱中前景色与背景色的默认设置，然后按 Ctrl+Delete 快捷键，将背景色指定给当前选区，按下 Ctrl+D 快捷键，取消选区，如图 12-12 所示。

(6) 按下 Ctrl 键，在图层面板中单击【图层 2】左侧的缩略图，如图 12-13 所示。

(7) 新建【图层 3】图层，然后按下 Ctrl+Delete 快捷键，将当前选区填充为白色，效果如图 12-14 所示。

(8) 按下 Ctrl+D 快捷键，取消选区，然后在图层面板中双击选择【图层 3】图层。在打开的【图层样式】对话框中选中【描边】复选框，在【描边】选项面板中将【大小】设置为 2 像素，将【颜色】的 RGB 值设置为 192、192、192，如图 12-15 所示。

图 12-12　取消选区

图 12-13　单击【图层 2】左侧的缩略图

图 12-14　填充白色

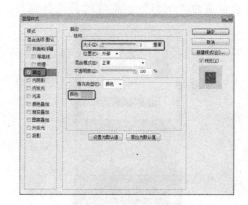

图 12-15　设置【描边】参数

(9) 选中【内阴影】复选框，在【内阴影】选项面板中将【阴影颜色】的 RGB 值设置为 213、213、213，【距离】设置为 1 像素，【大小】设置为 1 像素，如图 12-16 所示。

(10) 最后单击【确定】按钮，完成图层样式设置，然后将其调整至如图 12-17 所示的位置处。

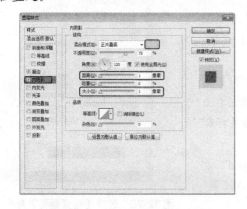

图 12-16　设置【内阴影】参数

图 12-17　调整完成后的效果

提示

　　使用【移动工具】选中对象时,每按一下键盘中的上、下、左、右方向键,图像就会移动一个像素的距离;按住 Shift 键的同时再按方向键,图像每次会移动 10 个像素的距离。

### 12.1.3　社交 APP 登录界面的倒影效果设计

　　下面将介绍登录界面的复选框效果,该制作将应用到圆角矩形工具、描边命令和自定形状等工具。

　　(1) 打开"素材\Cha12\社交 APP 登录界面 2.psd"素材文件,然后将其拖曳至当前图像中,然后依照图 12-18 所示进行调整。

12.1.3　社交 APP 登陆界面的倒影效果设计.mp4

　　(2) 选择【图层 1】图层与【登录控件】图层组之间的所有图层,并复制所选择的图层,然后将其进行合并,并将合并的图层重新命名为"倒影",然后对其进行调整,如图 12-19 所示。

图 12-18　添加素材文件

图 12-19　调整后的效果

提示

　　按 Ctrl+Alt+ E 快捷键可以合并图层。

　　(3) 按下 Ctrl+T 快捷键,打开变换控制框。然后单击鼠标右键,在弹出的快捷菜单中选择【垂直翻转】命令,如图 12-20 所示。

　　(4) 对当前图像进行垂直翻转,确定选中【倒影】图层,单击【添加矢量蒙版】按钮,为图层添加蒙版,单击【渐变工具】按钮,将颜色设置为黑白渐变,拖动鼠标制作图像的倒影效果如图 12-21 所示。

　　(5) 打开"素材\Cha12\社交 APP 登录界面 3.psd"素材文件,然后将其拖曳至当前图像中,调整对象的位置,最终效果如图 12-22 所示。

图 12-20　选择【垂直翻转】命令

图 12-21　制作倒影效果

图 12-22　最终效果

## 12.2　设计美食餐饮类 APP 登录界面

美味的食物，贵的有山珍海味，便宜的有街边小吃，但并不是所有人对美食的标准都是一样的，其实美食是不分贵贱的，只要是自己喜欢的，就可以称之为美食。鉴于美食的多样性，我们在设计美食 APP 应用程序的时候，也使用了较为多样化的界面布局来对信息进行表现，下面介绍美食餐饮类 APP 登录界面的制作过程，效果如图 12-23 所示。

图 12-23　美食餐饮类 APP 登录界面

### 12.2.1　美食餐饮类 APP 登录界面的背景设计

使用【钢笔工具】绘制图形，置入背景后，通过创建剪贴蒙版制作出美食背景。

(1) 按 Ctrl+N 快捷键，弹出【新建】对话框，将【名称】设置为 "12.2 设计美食餐饮类 APP 登录页面"，将【宽度】和【高度】分别设置为 753 像素、1333 像素，【分辨率】设置为

12.2.1　美食餐饮类 APP
登录界面的背景设计.mp4

72 像素/英寸，【颜色模式】设置为 RGB 颜色/8 位，【背景内容】设置为白色，单击【确定】按钮，如图 12-24 所示。

(2) 新建【图层 1】，在工具箱中单击【钢笔工具】按钮，将【工具模式】设置为【路径】，绘制路径，按 Ctrl+Enter 快捷键，将路径转换为选区，效果如图 12-25 所示。

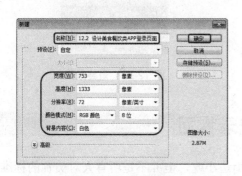

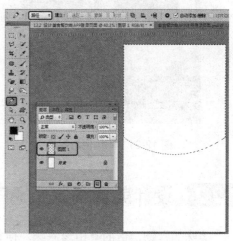

图 12-24　新建文档　　　　　　　　图 12-25　将路径转换为选区

(3) 在菜单栏中选择【编辑】|【填充】命令，弹出【填充】对话框，在【内容】选项组中将【使用】设置为黑色，单击【确定】按钮，如图 12-26 所示。

(4) 按 Ctrl+Shift+I 快捷键，反选选区，将【前景色】颜色设置为#eeeeee，新建【图层 2】，按 Alt+Delete 快捷键，填充前景色，取消选区，如图 12-27 所示。

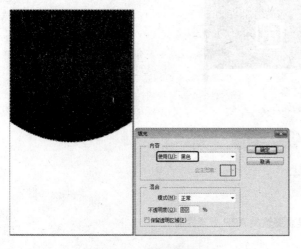

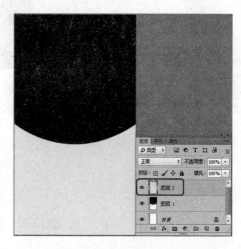

图 12-26　设置填充参数　　　　　　　图 12-27　填充颜色

(5) 置入"素材\Cha12\火锅.jpg"素材文件，调整对象大小及位置，将【火锅】图层调整至【图层 2】的下方，如图 12-28 所示。

(6) 在【图层】面板中选择【图层 1】，按住鼠标将其拖曳至【创建新图层】按钮上，复制图层，将【图层 1 拷贝】图层拖曳至【图层 2】上方，将【不透明度】设置为 40%，如图 12-29 所示。

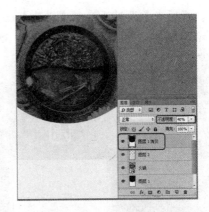

图 12-28　调整完成后的效果　　　　　图 12-29　设置不透明度

　　(7) 置入"素材\Cha12\素材 1.png、素材 2.png"素材文件，调整对象大小及位置，如图 12-30 所示。

　　(8) 在工具箱中单击【圆角矩形工具】按钮，将【工具模式】设置为【形状】，【填充】设置为白色，【描边】设置为无，【半径】设置为 40 像素，绘制矩形，将 W、H 均设置为 160 像素，将【圆角矩形 1】图层调整至【素材2】图层的下方，如图 12-31 所示。

图 12-30　调整素材大小及位置　　　　图 12-31　设置圆角矩形参数

## 12.2.2　美食餐饮类 APP 登录界面的登录区域设计

　　接下来将制作 APP 登录界面的登录区域效果。

　　(1) 在工具箱中单击【圆角矩形工具】按钮，将【工具模式】设置为【形状】，【填充】设置为白色，【描边】设置为无，【半径】设置为 20 像素，绘制矩形，将 W、H 分别设置为 695、390，绘制圆角矩形，如图 12-32 所示。

　　(2) 在工具箱中单击【椭圆工具】按钮，将【工具模式】设置为【形状】，【填充】设置为无，【描边】设置为#9d6864，【描边宽度】设置为 0.8 点，绘制正圆，将 W、H 均设置为 60 像素，绘制圆形，如图 12-33 所示。

　　(3) 在工具箱中单击【自定形状工具】按钮，在工具栏中将【工具模式】设置为【形

12.2.2　美食餐饮类 APP
登录界面的登录区域设

状】，【填充】设置为无，【描边】设置为#9d6864，设置【形状】为【信封 2】，在工作区中绘制形状，将 W、H 分别设置为 35、26，如图 12-34 所示。

图 12-32　绘制圆角矩形

图 12-33　绘制圆形

(4) 在工具箱中单击【横排文字工具】按钮 T，输入文本，在【字符】面板中，将【字体】设置为【黑体】，【字体大小】设置为 30 点，【字符间距】设置为 25，【颜色】设置为黑色，单击【仿粗体】按钮 T，如图 12-35 所示。

图 12-34　绘制信封形状

2021356277@111.com

图 12-35　设置文本参数

(5) 在工具箱中单击【直线工具】按钮 ／，在工具栏中将【工具模式】设置为【形状】，【填充】设置为#dddddd，【描边】设置为无，【粗细】设置为 1 像素，绘制直线，效果如图 12-36 所示。

(6) 使用同样的方法制作如图 12-37 所示的内容。

图 12-36　绘制直线

图 12-37　制作完成后的效果

(7) 在工具箱中单击【圆角矩形工具】按钮，将【工具模式】设置为【形状】，【填充】设置为黑色，【描边】设置为无，【半径】设置为 50 像素，绘制圆角矩形，将 W、H 分别设置为 400、105 像素，如图 12-38 所示。

(8) 在【图层】面板中双击【圆角矩形 3】图层，勾选【渐变叠加】复选框，单击【渐变】右侧的渐变条，弹出【渐变编辑器】对话框，将 0%位置处的色标 RGB 值设置为 226、126、98，将 100%位置处的色标 RGB 值设置为 223、90、84，单击【确定】按钮，如图 12-39 所示。

图 12-38　设置圆角矩形参数　　　　　　　　图 12-39　设置渐变颜色

(9) 返回【图层样式】对话框，将【角度】设置为-45 度，如图 12-40 所示。

(10) 勾选【投影】复选框，将【颜色】设置为#df5a54，【不透明度】设置为 90%，【角度】设置为 90 度，【距离】、【扩展】、【大小】分别设置为 5 像素、0、5 像素，单击【确定】按钮，如图 12-41 所示。

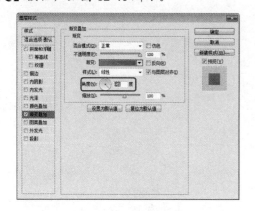

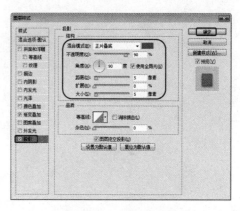

图 12-40　设置角度　　　　　　　　　　图 12-41　设置投影参数

(11) 制作完成后的效果如图 12-42 所示。

图 12-42　制作完成后的效果

第 **13** 章

项目指导——运动医疗 APP
界面设计

本章要点

**重点知识**
- ❖ 运动 APP 界面的设计
- ❖ 医疗 APP 界面的设计

本章导读

　　随着现代生活节奏的加快,人们面临生活和工作的双重压力,很多人难以获得长久并科学的运动和锻炼,从而导致大多数的都市白领的身体一直处于亚健康的状态,所以市面上出现了很多运动以及医疗手机软件来帮助用户在平时更加健康地生活。本章将主要介绍运动 APP 界面与医疗 APP 界面的设计。

## 13.1 设计运动 APP 界面

随着健身、运动需求越来越多，运动 APP 手机应用软件也越来越多，本节将介绍如何设计制作运动 APP 界面，效果如图 13-1 所示。

图 13-1　运动 APP 界面

### 13.1.1　运动 APP 状态栏效果设计

下面通过【椭圆工具】、【钢笔工具】以及【横排文字工具】制作 APP 状态栏效果。

(1) 启动软件，按 Ctrl+N 快捷键，在弹出的【新建】对话框中将【宽度】、【高度】分别设置为 750、1333 像素，将【分辨率】设置为 72 像素/英寸，如图 13-2 所示。

(2) 设置完成后，单击【确定】按钮，在工具箱中将【前景色】

13.1.1　运动 APP 状态栏
效果设计.mp4

的颜色值设置为#4abbe7，按 Alt+Delete 快捷键填充前景色，效果如图 13-3 所示。

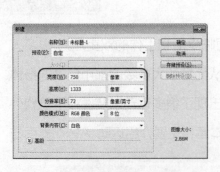

图 13-2　设置新建文档参数

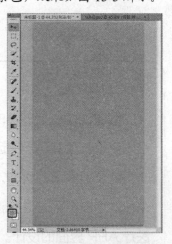

图 13-3　设置前景色并进行填充

(3) 在【图层】面板中单击【创建新组】按钮 ▢，并将新建的组重新命名为"状态栏"，在工具箱中单击【椭圆工具】 ▢ ，在工具选项栏中将【工具模式】设置为【形状】，将【填充】的颜色值设置为#ffffff，将【描边】设置为无，在工作区中按住 Shift 键绘制一个正圆，在【属性】面板中将 W、H 均设置为 10 像素，并调整其位置，如图 13-4 所示。

(4) 在【图层】面板中选择【椭圆 1】图层，按住鼠标将其拖曳至【创建新图层】按钮上，将其复制四次，在工具箱中单击【移动工具】 ▸⊕ ，并依次调整所复制圆形的位置，效果如图 13-5 所示。

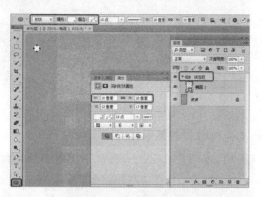

图 13-4　创建组并绘制圆形

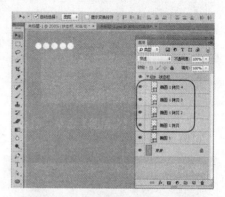

图 13-5　复制图层并调整圆形的位置

(5) 在【图层】面板中选择【椭圆 1 拷贝 3】、【椭圆 1 拷贝 4】图层，在工具箱中单击【椭圆工具】，在工具选项栏中将【填充】设置为无，将【描边】的颜色值设置为#ffffff，将【描边宽度】设置为 1 点，如图 13-6 所示。

(6) 在工具箱中单击【横排文字工具】 T ，在工作区中单击鼠标，输入文字，选中输入的文字，在【字符】面板中将【字体】设置为【Adobe 黑体 Std】，将【字体大小】设置为 22 点，将【字符间距】设置为 12，将【颜色】设置为#ffffff，效果如图 13-7 所示。

图 13-6　设置图形描边

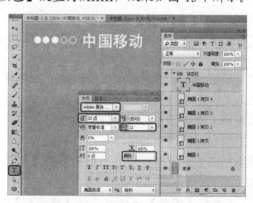

图 13-7　输入文字并进行设置后的效果

(7) 在工具箱中单击【钢笔工具】 ⌀ ，在工具选项栏中将【工具模式】设置为【形状】，将【填充】设置为白色，将【描边】设置为【无】，在工作区中绘制如图 13-8 所示的图形。

(8) 继续选择【钢笔工具】，在工具选项栏中将【路径操作】设置为【合并形状】，并继续在工作区中绘制如图 13-9 所示的图形。

(9) 在工具箱中单击【横排文字工具】 T ，在工作区中单击鼠标，输入文字，选中输入的文字，在【字符】面板中将【字体】设置为【Adobe 黑体 Std】，将【字体大小】设置为 22 点，将【字符间距】设置为 12，将【颜色】设置为#ffffff，效果如图 13-10 所示。

图 13-8　绘制图形

图 13-9　继续绘制图形

(10) 使用前面介绍的方法制作状态栏中的其他内容，效果如图 13-11 所示。

图 13-10　输入文字并设置后的效果

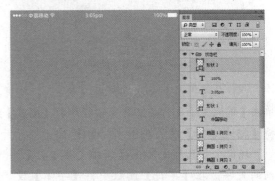

图 13-11　制作其他内容后的效果

## 13.1.2　运动 APP 导航栏效果设计

导航栏一般由两个操作按钮以及 APP 名称组成，在设计导航栏效果时，左侧的按钮一般用于返回、取消等操作，右侧按钮则多数用于确定、发送、编辑、设置等操作，下面将通过【钢笔工具】绘制返回箭头效果，利用【椭圆工具】绘制多个圆形并进行修剪来产生设置图标效果，最后使用【横排文字工具】添加文字即可。

13.1.2　运动 APP 导航栏
效果设计.mp4

(1) 在【图层】面板中选择【状态栏】，单击【创建新组】按钮 ▢，并将其重新命名为"导航栏"，在工具箱中单击【钢笔工具】，在工具选项栏中将【填色】设置为无，将【描边】设置为白色，将【描边宽度】设置为 4 点，单击【描边类型】右侧的下三角按钮，在弹出的下拉列表中将【端点】设置为【圆角】，在工作区中绘制如图 13-12 所示的图形。

(2) 在工具箱中单击【横排文字工具】 T，在工作区中单击鼠标，输入文字，选中输入的文字，在【字符】面板中将【字体】设置为【Adobe 黑体 Std】，将【字体大小】设置为 36 点，将【字符间距】设置为 20，将【颜色】设置为#ffffff，效果如图 13-13 所示。

(3) 在工具箱中单击【椭圆工具】，在工具选项栏中将【填充】设置为无，将【描边】设置为白色，将【描边宽度】设置为 2 点，在工作区中按住 Shift 键绘制一个正圆，在【属性】面板中将 W、H 均设置为 36 像素，如图 13-14 所示。

图 13-12 绘制图形

图 13-13 输入文字并设置后的效果

(4) 继续使用【椭圆工具】，在工具选项栏中将【路径操作】设置为【减去顶层形状】，在工作区中按住 Shift 键绘制多个 W、H 均为 12 像素的圆形，效果如图 13-15 所示。

图 13-14 绘制圆形

图 13-15 再次绘制多个圆形

(5) 再次使用【椭圆工具】，在工具选项栏中将【路径操作】设置为【新建图层】，在工作区中按住 Shift 键绘制一个圆形，在【属性】面板中将 W、H 均设置为 13 像素，如图 13-16 所示。

(6) 在工具箱中单击【横排文字工具】，在工作区中单击鼠标，输入文字，选中输入的文字，在【字符】面板中将【字体】设置为【Adobe 黑体 Std】，将【字体大小】设置为 28 点，将【字符间距】设置为 20，将【颜色】设置为#ffffff，效果如图 13-17 所示。

图 13-16 绘制圆形并设置属性

图 13-17 输入文字并设置属性

### 13.1.3　运动 APP 信息栏效果设计

下面将通过【圆角矩形工具】、【椭圆工具】以及【横排文字工具】制作出 APP 信息栏效果。

13.1.3　运动 APP 信息栏效果设计.mp4

(1) 根据前面介绍的方法新建一个名为"信息栏"的新组，在工具箱中单击【圆角矩形工具】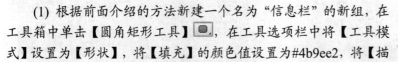，在工具选项栏中将【工具模式】设置为【形状】，将【填充】的颜色值设置为#4b9ee2，将【描边】设置为无，在工作区中绘制一个圆角矩形，在【属性】面板中将 W、H 分别设置为 710、269 像素，将所有的【角半径】均设置为 10 像素，效果如图 13-18 所示。

(2) 在【图层】面板中选择【圆角矩形 1】图层，按 Ctrl+J 快捷键对选中的图层进行拷贝，选中拷贝的图层，在【属性】面板中将【填充】设置为白色，效果如图 13-19 所示。

图 13-18　绘制圆角矩形并设置后的效果

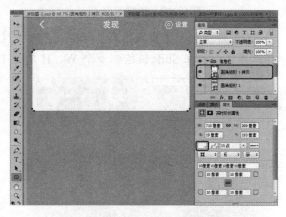

图 13-19　拷贝图层并进行填充后的效果

(3) 在【图层】面板中选择【圆角矩形 1】图层，单击鼠标右键，在弹出的快捷菜单中选择【转换为智能对象】命令，如图 13-20 所示。

(4) 继续选中【圆角矩形 1】图层，在菜单栏中选择【滤镜】|【模糊】|【高斯模糊】命令，在弹出的【高斯模糊】对话框中将【半径】设置为 10，如图 13-21 所示。

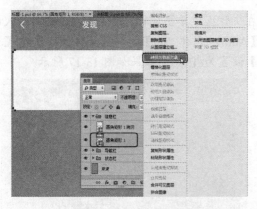

图 13-20　选择【转换为智能对象】命令

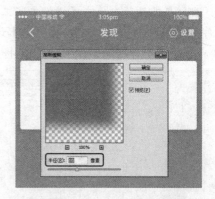

图 13-21　设置高斯模糊半径

(5) 设置完成后，单击【确定】按钮，使用【移动工具】在工作区中的空白位置单击，在工具箱中单击【椭圆工具】，在工具选项栏中将【工具模式】设置为【形状】，将【填充】的颜色值设置为#f1f1f1，将【描边】设置为无，在工作区中按住 Shift 键绘制一个正圆，在【属性】面板中将 W、H 均设置为 137 像素，如图 13-22 所示。

(6) 在【图层】面板中选择【椭圆 4】图层，按 Ctrl+J 快捷键对选中的图层进行拷贝，选中拷贝的图层，在【属性】面板中将 W、H 均设置为 123 像素，并调整其位置，效果如图 13-23 所示。

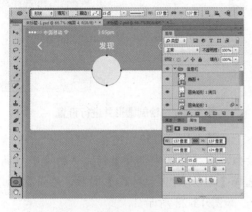

图 13-22　绘制圆形并设置后的效果

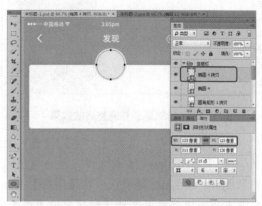

图 13-23　复制图层并调整后的效果

(7) 在菜单栏中选择【文件】|【置入】命令，在弹出的对话框中选择 "素材\Cha13\运动 APP 素材 01.jpg" 素材文件，单击【置入】按钮，在工作区中调整其大小，调整完成后，按 Enter 键完成调整，在【图层】面板中选择【运动 APP 素材 01】图层，单击鼠标右键，在弹出的快捷菜单中选择【创建剪贴蒙版】命令，如图 13-24 所示。

(8) 根据前面所介绍的方法在工作区中输入相应的文字，效果如图 13-25 所示。

图 13-24　导入素材文件并创建剪贴蒙版

图 13-25　输入其他文字后的效果

(9) 在工具箱中单击【矩形工具】，在工具选项栏中将【工具模式】设置为【形状】，将【填充】设置为白色，将【描边】设置为无，在工作区中绘制一个矩形，在【属性】面板中将 W、H 分别设置为 751、494 像素，并调整其位置，效果如图 13-26 所示。

(10) 在工具箱中单击【椭圆工具】，在工作区中按住 Shift 键绘制一个正圆，在【属性】面板中将 W、H 均设置为 76 像素，为其填充任意一种颜色，并调整其位置，效果如图 13-27 所示。

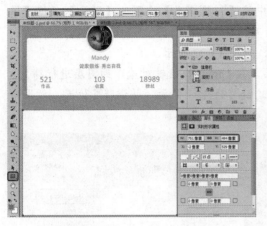

图 13-26　绘制矩形并调整后的效果

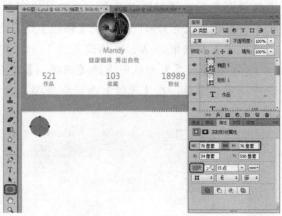

图 13-27　绘制圆形并进行设置

(11) 在菜单栏中选择【文件】|【置入】命令，在弹出的对话框中选择"素材\Cha13\运动 APP 素材 02.jpg"素材文件，单击【置入】按钮，在工作区中调整素材文件的大小，调整完成后，按 Enter 键确认，在【图层】面板中选择【运动 APP 素材 02】图层，右击鼠标，在弹出的快捷菜单中选择【创建剪贴蒙版】命令，如图 13-28 所示。

(12) 在工具箱中单击【横排文字工具】⬚，在工作区中单击鼠标，输入文字，选中输入的文字，在【字符】面板中将【字体】设置为 Corbel，将【字体大小】设置为 36 点，将【字符间距】设置为 0，将【颜色】的颜色值设置为#333333，效果如图 13-29 所示。

图 13-28　选择【创建剪贴蒙版】命令

图 13-29　输入文字并进行设置

(13) 使用同样的方法在工作区中输入其他文字，并进行相应的设置，效果如图 13-30 所示。

(14) 根据前面所介绍的方法将其他素材文件置入文档中，制作相应的剪贴蒙版效果，并绘制相应的图形，效果如图 13-31 所示。

(15) 在工作区中选择如图 13-32 所示的对象，对其进行复制，并向下调整其位置，效果如图 13-32 所示。

(16) 对复制后的对象进行相应的修改，效果如图 13-33 所示。

图 13-30　输入其他文字后的效果

图 13-31　制作其他效果

图 13-32　复制对象并调整其位置

图 13-33　对复制对象修改后的效果

> **提示**
>
> 　　在对素材进行替换后，可以在【图层】面板中将无用的图层删除，这样可以减小文档的空间。

## 13.1.4　运动 APP 图标栏效果设计

　　下面将通过【矩形工具】、【椭圆工具】制作出图标栏的底纹效果，然后通过置入素材文件来完善图标栏的设计。

　　(1) 根据前面介绍的方法新建一个名为"图标栏"的新组，在工具箱中单击【矩形工具】■，在工具选项栏中将【填充】设置为白色，将【描边】设置为无，在工作区中绘制一个矩形，在【属性】面板中将 W、H 分别设置为 752、90 像素，并调整其位置，效果如图 13-34 所示。

13.1.4　运动 APP 图标栏
效果设计.mp4

　　(2) 在【图层】面板中双击【矩形 4】图层，在弹出的对话框中选中【投影】复选框，将【混合模式】设置为【正常】，将【阴影颜色】的颜色值设置为#4b9ee2，将【不透明度】设置为 66%，取消勾选【使用全局光】复选框，将【角度】设置为-90 度，将【距离】、【扩展】、【大小】分别设置为 3 像素、0、8 像素，如图 13-35 所示。

(3) 设置完成后，单击【确定】按钮，在工具箱中单击【椭圆工具】，在工作区中按住 Shift 键绘制一个正圆，在【属性】面板中将 W、H 均设置为 113 像素，将【填充】设置为白色，将【描边】设置为无，如图 13-36 所示。

图 13-34　创建新组并绘制图形

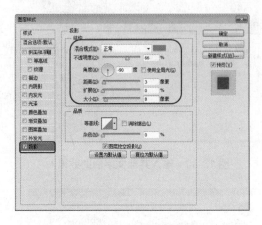

图 13-35　设置投影参数

(4) 继续使用【椭圆工具】，在工作区中按住 Shift 键绘制一个正圆，在【属性】面板中将 W、H 均设置为 28 像素，将【填充】的颜色值设置为# 4b9ee2，并调整其位置，效果如图 13-37 所示。

图 13-36　绘制圆形并设置后的效果

图 13-37　绘制圆形

(5) 确认【椭圆工具】处于选中状态，按住 Ctrl+Alt 快捷键，将绘制的圆形向右进行复制，在【属性】面板中单击【蒙版】按钮█，将【羽化】设置为 5 像素，在【图层】面板中将【不透明度】设置为 50%，如图 13-38 所示。

(6) 在【图层】面板中选择【椭圆 7】图层，按住鼠标左键将其拖曳至【椭圆 6】图层的下方，然后选择【椭圆 6】图层，在工具箱中单击【椭圆工具】，在工作区中按住 Shift 键绘制一个正圆，在【属性】面板中将 W、H 均设置为 82 像素，将【填充】的颜色值设置为#d2e6fd，将【描边】设置为无，并调整其位置，效果如图 13-39 所示。

(7) 在菜单栏中选择【文件】|【置入】命令，在弹出的对话框中选择"素材\Cha13\运动 APP 素材 07.png"素材文件，单击【置入】按钮，按 Enter 键完成置入，在工作区中调整其位置，效果如图 13-40 所示。

(8) 使用前面介绍的方法将其他素材文件置入文档中，效果如图 13-41 所示。

图 13-38 设置羽化与不透明度参数

图 13-39 调整图层位置并绘制正圆

图 13-40 置入素材文件

图 13-41 置入其他素材文件后的效果

## 13.2 设计医疗 APP 界面

医疗 APP 是移动互联网时代非常好用的医疗类应用软件，主要提供寻医问诊、预约挂号、购买医药产品以及查询专业信息等服务。本节我们将介绍如何设计制作医疗 APP 界面，效果如图 13-42 所示。

### 13.2.1 医疗 APP 主题效果设计

下面通过【矩形工具】、【椭圆工具】、【直线工具】以及【横排文字工具】来制作 APP 主题效果，并置入相应的素材进行美化。

(1) 启动软件，按 Ctrl+N 快捷键，在弹出的对话框中将【宽度】、【高度】分别设置为 750、1334 像素，将【分辨

13.2.1 医疗 APP 主体效果设计.mp4

图 13-42 医疗 APP 界面

275

率】设置为 72 像素/英寸，如图 13-43 所示。

(2) 设置完成后，单击【确定】按钮，在工具箱中单击【矩形工具】，在工具选项栏中将【工具模式】设置为【形状】，将【填充】的颜色值设置为#01c5af，将【描边】设置为无，在工作区中绘制一个矩形，在【属性】面板中将 W、H 分别设置为 750、463 像素，并调整其位置，如图 13-44 所示。

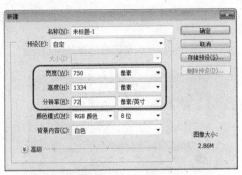

图 13-43　设置新建文档参数

图 13-44　绘制矩形并设置后的效果

(3) 在菜单栏中选择【文件】|【置入】命令，在弹出的对话框中选择"素材\Cha13\医疗 APP 素材 01.png"素材文件，单击【置入】按钮，按 Enter 键完成置入，并在工作区中调整其位置，效果如图 13-45 所示。

(4) 在工具箱中单击【椭圆工具】，在工具选项栏中将【填充】的颜色值设置为#ffffff，将【描边】设置为无，按住 Shift 键在工作区中绘制一个正圆，在【属性】面板中将 W、H 均设置为 66 像素，在【图层】面板中将【混合模式】设置为【色相】，将【不透明度】设置为 20%，效果如图 13-46 所示。

图 13-45　置入素材文件

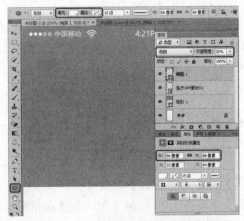

图 13-46　绘制圆形并设置后的效果

(5) 根据前面所介绍的方法将"医疗 APP 素材 02.png"素材文件置入文档中，并调整其位置与大小，效果如图 13-47 所示。

(6) 在【图层】面板中选择【椭圆 1】图层，按 Ctrl+J 快捷键对其进行拷贝，并在工作区中调整复制后的对象的位置，效果如图 13-48 所示。

图 13-47　置入素材文件

图 13-48　复制图形对象

(7) 在【图层】面板中选择【医疗 APP 素材 02】图层，在工具箱中单击【直线工具】，在工具选项栏中将【工具模式】设置为【形状】，将【填充】设置为白色，将【描边】设置为无，在工作区中按住 Shift 键绘制一条水平直线，在工具选项栏中将 W、H 分别设置为 30、3 像素，如图 13-49 所示。

(8) 在【图层】面板中选择【形状 1】图层，按 Ctrl+J 快捷键对其进行拷贝，选中拷贝后的对象，按 Ctrl+T 快捷键，单击鼠标右键，在弹出的快捷菜单中选择【旋转 90 度(顺时针)】命令，如图 13-50 所示。

图 13-49　绘制直线

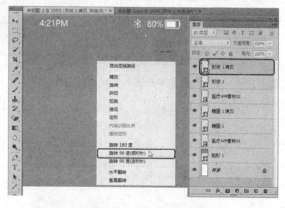

图 13-50　复制并旋转对象

(9) 执行命令后，按 Enter 键完成调整，在工具箱中单击【横排文字工具】，在工作区中单击鼠标，输入文字，并选中输入的文字，在【字符】面板中将【字体】设置为【方正粗黑宋简体】，将【字体大小】设置为 60 点，将【字符间距】设置为 0，将【颜色】设置为白色，并调整其位置，效果如图 13-51 所示。

(10) 继续使用【横排文字工具】在工作区中单击鼠标，输入文字，并选中输入的文字，在【字符】面板中将【字体大小】设置为 48 点，效果如图 13-52 所示。

(11) 使用同样的方法在工作区中输入其他文字，并将"医疗 APP 素材 03.png"素材文件置入文档中，效果如图 13-53 所示。

(12) 在工具箱中单击【自定形状工具】，在工具选项栏中将【工具模式】设置为【形状】，将【填充】的颜色值设置为#1296db，将【描边】设置为无，单击【形状】右侧的下三角按钮，在弹出的下拉列表中选择【五角星】，按住 Shift 键在工作区中绘制一个五角星，效果如图 13-54 所示。

图 13-51　输入文字并设置后的效果

图 13-52　继续输入文字

图 13-53　输入其他文字并置入素材后的效果

图 13-54　绘制形状并设置后的效果

（13）选中绘制的五角星，按 Ctrl+T 快捷键，在工具选项栏中将【旋转】设置为-42，如图 13-55 所示。

（14）按 Enter 键完成操作，在工具箱中单击【钢笔工具】，在工具选项栏中将【路径操作】设置为【减去顶层形状】，在工作区中绘制三个图形，效果如图 13-56 所示。

图 13-55　设置旋转参数

图 13-56　对五角星进行修剪

(15) 根据前面介绍的方法在工作区绘制如图 13-57 所示的图形。

(16) 对绘制的图形进行复制，并调整其位置，效果如图 13-58 所示。

图 13-57　绘制图形　　　　　　　　　　图 13-58　复制图形并调整位置

## 13.2.2　医疗 APP 图标导航效果设计

下面将介绍通过【椭圆工具】绘制圆形并填充渐变颜色来制作图标底纹效果，然后置入素材文件并添加相应的文字介绍，从而完成 APP 图标导航的设计。

13.2.2　医疗 APP 图标
导航效果设计.mp4

(1) 在工具箱中将【前景色】的颜色值设置为# f1f1f1，在【图层】面板中选择【背景】图层，按 Alt+Delete 快捷键填充前景色，效果如图 13-59 所示。

(2) 在【图层】面板中选择顶层的图层，单击【创建新组】按钮 📁，并将新建的组重新命名为"图标导航"，在工具箱中单击【矩形工具】 ▭，在工具选项栏中将【填充】设置为白色，在工作区中绘制一个矩形，在【属性】面板中将 W、H 分别设置为 750、229 像素，并调整其位置，效果如图 13-60 所示。

图 13-59　设置前景色并进行填充　　　　图 13-60　新建组并绘制矩形

(3) 在工具箱中单击【椭圆工具】，在工作区中按住 Shift 键绘制一个正圆，在工具选项栏中单击【填充】右侧的按钮，在弹出的下拉列表中单击【渐变】按钮，然后单击渐变条，在弹出的【渐变编辑器】对话框中将左侧色标的颜色值设置为#f3ad17，将右侧色标的颜色值设置为#ff9b26，如图 13-61 所示。

(4) 设置完成后，单击【确定】按钮，在【属性】面板中将 W、H 均设置为 108 像素，并在工作区中调整其位置，效果如图 13-62 所示。

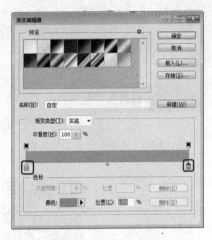

图 13-61　设置渐变颜色

图 13-62　设置圆形的大小

(5) 在【图层】面板中选择【椭圆 2】图层，按住鼠标将其拖曳至【创建新图层】按钮上，复制三次，调整复制后的圆形的位置与填色，效果如图 13-63 所示。

(6) 根据前面介绍的方法将"医疗 APP 素材 04.png""医疗 APP 素材 05.png""医疗 APP 素材 06.png""医疗 APP 素材 07.png"素材文件置入文档中，并调整其位置，效果如图 13-64 所示。

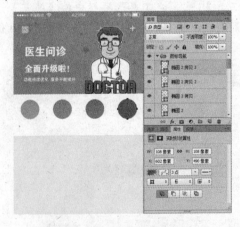

图 13-63　复制图层并修改后的效果

图 13-64　置入素材文件后的效果

(7) 在工具箱中单击【横排文字工具】，在工作区中单击鼠标，输入文字，并选中输入的文字，在【字符】面板中将【字体】设置为【汉标中黑体】，将【字体大小】设置为 30，将【字符间距】设置为 0，将【颜色】的颜色值设置为#212020，效果如图 13-65 所示。

(8) 再次使用【横排文字工具】在工作区中输入其他文字，效果如图 13-66 所示。

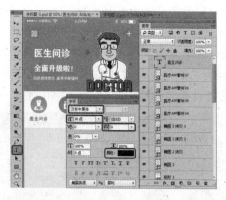

图 13-65　输入文字并设置后的效果

图 13-66　输入其他文字后的效果

### 13.2.3　医疗 APP 信息栏效果设计

为了显示出界面布局的灵活性，使用户接收多种不同的信息，在本节的信息栏效果设计中涵盖了两种不同的信息展示效果。下面将通过【矩形工具】、【横排文字工具】、【圆角矩形工具】、【椭圆工具】等来制作 APP 信息栏效果。

13.2.3　医疗 APP 信息栏效果设计.mp4

(1) 根据前面介绍的方法新建一个名为"信息栏"的新组，在工具箱中单击【矩形工具】■，在工作区中绘制一个矩形，在【属性】面板中将 W、H 分别设置为 371、288 像素，将【填充】设置为白色，将【描边】设置为无，效果如图 13-67 所示。

> **提示**
>
> 在新建图层或组时，会在当前选择的图层或组的上一层进行新建，若需要在【图层】面板的顶层新建图层或组，可以使用【移动工具】在工作区的空白位置处单击鼠标，然后再单击【创建新图层】或【创建新组】按钮，或者先选择【图层】面板顶部的图层，再进行新建。

(2) 在菜单栏中选择【文件】|【置入】命令，在弹出的对话框中选择"素材\Cha13\医疗 APP 素材 08.png"素材文件，单击【置入】按钮，在工作区中调整其位置与大小，并按 Enter 键完成置入，效果如图 13-68 所示。

图 13-67　新建组并绘制矩形

图 13-68　置入素材文件

(3) 在【图层】面板中选择【医疗 APP 素材 08】图层，单击鼠标右键，在弹出的快捷菜单中选择【创建剪贴蒙版】命令，如图 13-69 所示。

(4) 在工具箱中单击【横排文字工具】，在工作区中单击鼠标，输入文字，并选中输入的文字，在【字符】面板中将【字体】设置为【经典平黑简】，将【字体大小】设置为 36 点，将【字符间距】设置为 0，将【颜色】的颜色值设置为#3b79e2，如图 13-70 所示。

图 13-69　选择【创建剪贴蒙版】命令

图 13-70　输入文字并设置后的效果

(5) 再次使用【横排文字工具】在工作区中输入文字，选中输入的文字，在【字符】面板中将【字体大小】设置为 30 点，将【颜色】的颜色值设置为#5f5f5f，如图 13-71 所示。

(6) 在工具箱中单击【圆角矩形工具】，在工作区中绘制一个圆角矩形，在【属性】面板中将 W、H 分别设置为 116、47 像素，将【填充】的颜色值设置为#3b79e2，将【描边】设置为无，将所有的【角半径】均设置为 23 像素，并调整其位置，效果如图 13-72 所示。

图 13-71　再次输入文字

图 13-72　绘制圆角矩形并设置后的效果

(7) 在工具箱中单击【横排文字工具】，在工作区中单击鼠标，输入文字，并选中输入的文字，在【字符】面板中将【字体大小】设置为 24 点，将【颜色】的颜色值设置为#ffffff，如图 13-73 所示。

(8) 在【图层】面板中选择【信息栏】组下的所有图层，按住鼠标将其拖曳至【创建新图层】按钮上，在工作区中调整复制后的对象的位置，并修改相应的内容，效果如图 13-74 所示。

图 13-73 输入文字

图 13-74 复制图层并修改内容

（9）在工具箱中单击【矩形工具】，在工作区中绘制一个矩形，在【属性】面板中将 W、H 分别设置为 13、42 像素，将【填充】的颜色值设置为# 01c5af，将【描边】设置为无，并在工作区中调整其位置，效果如图 13-75 所示。

（10）在工具箱中单击【横排文字工具】，在工作区中单击鼠标，输入文字，并选中输入的文字，在【字符】面板中将【字体】设置为【Adobe 黑体 Std】，将【字体大小】设置为 22 点，将【颜色】的颜色值设置为#8e8e8e，并在工作区中调整其位置，效果如图 13-76 所示。

图 13-75 绘制矩形并进行设置

图 13-76 输入文字并进行设置

（11）在工具箱中单击【矩形工具】，在工作区中绘制一个矩形，在【属性】面板中将 W、H 分别设置为 698、228 像素，将【填充】设置为白色，将【描边】设置为无，并调整其位置，效果如图 13-77 所示。

（12）使用【移动工具】在工作区中的空白位置处单击鼠标，在工具箱中单击【直线工具】，在工具选项栏中将【填充】的颜色值设置为# eeeeee，将【描边】设置为无，在工作区中按住 Shift 键绘制一条水平直线，在工具选项栏中将 W、H 分别设置为 698、1 像素，效果如图 13-78 所示。

图 13-77　绘制矩形并设置后的效果

图 13-78　绘制水平直线

(13) 在工具箱中单击【椭圆工具】，在工作区中按住 Shift 键绘制一个正圆，在【属性】面板中将 W、H 均设置为 61 像素，为其任意填充一种颜色，并调整其位置，效果如图 13-79 所示。

(14) 根据前面所介绍的方法将 "医疗 APP 素材 10.jpg" 素材文件置入文档中，并调整其位置与大小，在【图层】面板中选择【医疗 APP 素材 10】图层，单击鼠标右键，在弹出的快捷菜单中选择【创建剪贴蒙版】命令，创建后的效果如图 13-80 所示。

图 13-79　绘制圆形并设置后的效果

图 13-80　创建剪贴蒙版后的效果

(15) 在工具箱中单击【圆角矩形工具】，在工作区中绘制一个圆角矩形，在【属性】面板中将 W、H 分别设置为 329、61 像素，将【填充】的颜色值设置为# 01c5af，将【左上角半径】、【右上角半径】、【左下角半径】、【右下角半径】分别设置为 20、30、0、30 像素，效果如图 13-81 所示。

(16) 根据前面所介绍的方法绘制其他图形，并输入相应的文字，效果如图 13-82 所示。

图 13-81　绘制圆角矩形

图 13-82　制作其他内容后的效果

### 13.2.4　医疗 APP 图标栏效果设计

下面将通过【矩形工具】来制作图标栏底纹效果，并置入相应的素材文件，最后为图标添加相应的文字来完成图标栏的制作。

(1) 根据前面介绍的方法新建一个名为"图标栏"的新组，在工具箱中单击【矩形工具】■，在工作区中绘制一个矩形，在【属性】面板中将 W、H 分别设置为 750、102 像素，将【填充】的颜色值设置为# f8f8f8，并调整其位置，效果如图 13-83 所示。

13.2.4　医疗 APP 图标栏效果设计.mp4

(2) 根据前面介绍的方法将"医疗 APP 素材 11.png"素材文件置入文档中，并调整其位置，效果如图 13-84 所示。

图 13-83　新建组并绘制矩形

图 13-84　置入素材文档

(3) 在工具箱中单击【横排文字工具】，在工作区中单击鼠标，输入文字后并选中，在【字符】面板中将【字体】设置为【Adobe 黑体 Std】，将【字体大小】设置为 20 点，将【颜色】的颜色值设置为# 01c5af，并调整文字的位置，效果如图 13-85 所示

(4) 使用同样的方法在工作区中输入其他文字，效果如图 13-86 所示。

图 13-85　输入文字并进行设置

图 13-86　输入其他文字后的效果

# 附录　Photoshop CC 常用快捷键

| 文件操作 | | |
|---|---|---|
| 新建 Ctrl+N | 打开 Ctrl+O | 在 Bridge 中浏览　Alt+Ctrl+O |
| 打开为 Alt+Shift+Ctrl+O | 关闭 Ctrl+W | 存储 Ctrl+S |
| 存储为 Ctrl+Shift+S | 恢复 F12 | 文件简介 Alt+Shift+Ctrl+I |
| 打印 Ctrl+P | 退出 Ctrl+Q | |

| 编辑操作 | | |
|---|---|---|
| 还原 Ctrl+Z | 前进一步 Ctrl+Shift+Z | 后退一步 Ctrl+Alt+Z |
| 剪切 Ctrl+X | 复制 Ctrl+C | 填充 Shift+F5 |
| 粘贴 Ctrl+V | 原位粘贴 Ctrl+Shift+V | 自由变换 Ctrl+T |
| 再次变换 Ctrl+Shift+T | 颜色设置 Ctrl+Shift+K | 内容识别比例 Alt+Shift+Ctrl+C |

| 图像调整 | | |
|---|---|---|
| 色阶 Ctrl+L | 曲线 Ctrl+M | 色相/饱和度 Ctrl+U |
| 色彩平衡 Ctrl+B | 黑白 Alt+Shift+Ctrl+B | 反相 Ctrl+I |
| 去色 Shift+Ctrl+ U | 自动色调 Shift+Ctrl+ L | 自动对比度 Alt+ Shift+Ctrl+ L |
| 自动颜色 Shift+Ctrl+B | 图像大小 Alt+Ctrl+I | 画布大小 Alt+Ctrl+C |
| 全图模式调整(色相/饱和度对话框可用) Alt+2 | 红色模式调整(色相/饱和度对话框可用) Alt+3 | 黄色模式调整(色相/饱和度对话框可用) Alt+4 |
| 绿色模式调整(色相/饱和度对话框可用) Alt+5 | 青色模式调整(色相/饱和度对话框可用) Alt+6 | 蓝色模式调整(色相/饱和度对话框可用) Alt+7 |
| 洋红模式调整(色相/饱和度对话框可用) Alt+8 | RGB 通道 Ctrl+2 | 红色通道 Ctrl+3 |
| 绿色通道 Ctrl+4 | 蓝色通道 Ctrl+5 | |

| 图层操作 | | |
|---|---|---|
| 新建图层 Shift+Ctrl+N | 新建通过拷贝的形状图层 Ctrl+J | 新建通过剪切的形状图层 Shift+Ctrl+J |
| 创建剪贴蒙版 Alt+Ctrl+G | 图层编组 Ctrl+G | 取消图层编组 Shift+Ctrl+G |
| 置为顶层 Shift+Ctrl+] | 前移一层 Ctrl+] | 后移一层 Ctrl+[ |
| 置为底层 Shift+Ctrl+[ | 合并形状 Ctrl+E | 合并可见图层 Shift+Ctrl+E |

| 选择操作 | | |
|---|---|---|
| 全部选择 Ctrl+A | 取消选择 Ctrl+D | 重新选择 Shift+Ctrl+D |
| 反向选择 Shift+Ctrl+I | 选择所有图层 Alt+Ctrl+A | 查找图层 Alt+Shift+Ctrl+F |
| 调整蒙版 Alt+Ctrl+R | 羽化 Shift+F6 | |

续表

| 工具选项 | | |
|---|---|---|
| 移动工具 V | 矩形选框工具/椭圆选框工具 M | 套索工具/多边形套索工具/磁性套索工具 L |
| 快速选择工具/魔棒工具 W | 裁剪工具/透视裁剪工具/切片工具/切片选择工具 C | 吸管工具 I |
| 污点修复画笔工具/修复画笔工具/修补工具/内容感知移动工具/红眼工具 J | 画笔工具/铅笔工具/颜色替换工具/混合器画笔工具 B | 仿制图章工具/图案图章工具 S |
| 历史记录画笔工具/历史记录艺术画笔工具 Y | 橡皮擦工具/背景橡皮擦工具/魔术橡皮擦工具 E | 渐变工具/油漆桶工具/3D 材质拖放工具 G |
| 减淡工具/加深工具/海绵工具 O | 钢笔工具/自由钢笔工具 P | 横排文字工具/直排文字工具/横排文字蒙版工具/直排文字蒙版工具 T |
| 路径选择工具/直接选择工具 A | 矩形工具/圆角矩形工具/椭圆工具/多边形工具/直线工具/自定形状工具 U | 抓手工具 H |
| 旋转视图工具 R | 缩放工具 Z | 切换前景色和背景色 X |
| 默认前景色和背景色 D | 以快速蒙版模式编辑 Q | 标准屏幕模式/带有菜单栏的全屏模式/全屏模式 F |
| 临时抓手工具 空格 | | |
| 视图操作 | | |
| 放大视图 Ctrl++ | 缩小视图 Ctrl+- | 满画布显示 Ctrl+0 |
| 将视图移到右下角 End | 显示/隐藏选择区域 Ctrl+H | 显示/隐藏路径 Ctrl+Shift+H |
| 显示/隐藏标尺 Ctrl+R | 显示/隐藏参考线 Ctrl+; | 显示/隐藏网格 Ctrl+" |
| 锁定参考线 Ctrl+Alt+; | | |

# 参 考 文 献

[1] 华天印象. Photoshop 移动 UI 设计完全实例教程[M]. 北京：人民邮电出版社，2018.

[2] 创锐设计. Photoshop CC 移动 UI 界面设计与实战[M]. 2 版. 北京：电子工业出版社，2018.

[3] 蒋珍珍. Photoshop 移动 UI 设计从入门到精通[M]. 北京：清华大学出版社，2017.

[4] 温培利，付华. Photoshop CC 2018 基础教程[M]. 3 版. 北京：清华大学出版社，2019.